AF403977

A. FERRET 1978

CATÉCHISME
D'AGRICULTURE,

Traduit de l'allemand du docteur HAMM,

PAR M. HIPPOLYTE BIDAL,

AVEC 26 FIGURES SUR BOIS

ET UN PETIT DICTIONNAIRE DE MOTS SCIENTIFIQUES.

Ouvrage composé pour les Écoles rurales.

PARIS,

CHARLES HINGRAY, LIBRAIRE,
rue de Seine, 12.

BESANÇON,

VEUVE CHARLES DEIS, IMPRIMEUR-LIBRAIRE,
Grande-Rue, 43,

1851.

CATÉCHISME D'AGRICULTURE.

CATÉCHISME

D'AGRICULTURE,

Traduit de l'allemand du docteur HAMM,

PAR M. HIPPOLYTE BIDAL,

AVEC 26 FIGURES SUR BOIS

ET UN PETIT DICTIONNAIRE DE MOTS SCIENTIFIQUES

Ouvrage composé pour les Écoles rurales.

PARIS,

CHARLES HINGRAY, LIBRAIRE,
rue de Seine, 12.

BESANÇON,

VEUVE CHARLES DEIS, IMPRIMEUR-LIBRAIRE,
Grande-Rue, 43,

1851.

PRÉFACE.

—

Ce petit livre, dont nous publions aujour-
d'hui la première traduction française, est
déjà connu de presque tout le reste de l'Europe. Des pays moins favorisés que le nôtre,
l'Angleterre et l'Allemagne, par exemple,

en ont retiré d'immenses avantages : nos voisins d'outre-Manche et quelques populations agricoles de l'Allemagne nous étonnent chaque jour par les résultats obtenus chez eux, en dépit d'une position climatérique plus ingrate et d'une terre moins fertile.

Il fallait répandre en France des leçons si utiles; c'est ce que nous avons tenté. *Ce Catéchisme* est essentiellement élémentaire, pratique et d'une application facile. Tout homme, après l'avoir lu, pourra se rendre compte de phénomènes jusque-là inexplicables pour lui; il n'est personne qui, après l'étude un peu sérieuse de ces quelques pages, n'entrevoie la possibilité et le moyen de doubler les produits de son exploitation.

Voici, en peu de lignes, le fond de notre pensée et le but de cet ouvrage : — *Apprendre aux Agriculteurs à faire pousser deux brins d'herbe à l'endroit même où il n'en poussait qu'un seul.* Un anglais, le professeur F. W. Johnston, a, le premier, formulé et résolu ce problême; c'est l'œuvre de Johnston, *complétée et élucidée*, après dix-sept éditions successives, par le docteur Hamm, un des premiers agronômes de l'Allemagne, que nous offrons aujourd'hui à l'attention de nos compatriotes.

Comme, forcément, nous avons dû, dans le cours de cette traduction, employer souvent des mots scientifiques, il nous a paru nécessaire de joindre à notre travail un *petit Dic-*

tionnaire, qui donnât l'explication courte et nette de chacun de ces mots. Un astérisque * les signalera à l'attention du lecteur.

CATÉCHISME D'AGRICULTURE.

❦

INTRODUCTION.

Demande. — Qu'entend-on par économie rurale ?

Réponse. — C'est l'art de la culture du terrain, ou bien encore, l'économie rurale est l'art d'obtenir, par le moyen de la culture des plantes utiles, le plus grand rapport possible d'un capital consistant en terres. Ce rapport est immédiat, lorsqu'on porte au marché les plantes dans leur forme primitive; il est médiat lorsqu'on les convertit en argent par le travail ou par des transformations ; exemple : l'éducation du bétail.

D. — Quelle est alors la tâche pratique de l'économe rural ?

R. — Il s'efforcera d'obtenir de son champ la plus grande quantité de produits utiles : il évitera les dépenses et récoltera ses produits dans le plus bref délai , avec le moins de désavantages possibles pour son terrain.

D. — Quelles sont les connaissances que l'économe rural doit principalement acquérir pour atteindre ce but ?

R. — Il faut qu'il connaisse parfaitement la nature des plantes qu'il cultive ; les conditions sous lesquelles elles peuvent croître et prospérer ; les différents sols ; les principes nutritifs qui conviennent aux plantes , et les nombreux engrais qui rendent à la terre la force productive que la culture lui a enlevée.

D. — Quelles sont les sciences qui apprennent à l'agriculteur toutes ces choses ?

R. — La chimie , la physique et l'histoire naturelle.

On entend par *chimie* la science des phénomènes que l'affinité , force propre à tous les corps, exerce dans la nature. La *chimie agricole* est l'application des principes de la chimie proprement dite, à l'industrie de l'économie rurale.

On entend par *physique*, en général, la science des pro-

priétés des corps et de leurs effets à une distance déterminée.

On ne saurait assez apprécier les immenses avantages
que les *sciences naturelles* procurent à l'économe rural :
appuyé sur les principes et les vérités éternelles de ces
sciences, l'économe sera bientôt à même d'examiner, d'é-
tablir et d'expliquer tous les phénomènes de la nature qui
se présenteront à lui, dans sa spécialité, et par suite, de
faire disparaître une multitude d'opinions fausses et d'une
application dangereuse. Ses observations de chaque jour le
conduiront à la découverte de procédés, de méthodes de
culture et d'engrais nouveaux qu'il pourra utiliser ; par elles,
il saura toujours distinguer ce qu'il y aura de vrai ou de
faux dans les doctrines nouvellement proposées. L'économe
qui possède les connaissances nécessaires à son industrie,
qui n'imite point aveuglément les autres agriculteurs, mais
qui sait se rendre compte de ses entreprises, mérite seul,
et à juste titre le nom d'économe *rationnel* * (1).

---

(1) En France, nous le constatons à regret, il est très-peu d'agriculteurs qu
cherchent à se rendre familières les sciences à l'aide desquelles ils pourraient rap-
porter les effets à leurs causes ; les habitants de nos campagnes dédaignen
même de tenir des livres de comptabilité. Quoi de plus simple, cependant ? Il
n'en est pas ainsi en Angleterre et en Allemagne, où le plus petit fermier inscrit,
avec une exactitude rigoureuse, sur un livre-journal, ses recettes et dépenses.

(Note du Trad.)

CHAPITRE PREMIER.

COMPOSITION GÉNÉRALE DES PLANTES.

D. — De quelles matières se composent en général tous les végétaux * ?

R. — De deux matières dont l'une combustible * est appelée partie *organique*, et l'autre incombustible est appelée partie *inorganique* des plantes.

Une expérience facile servira ici d'éclaircissement. Si l'on brûle un petit morceau de bois ou un brin de paille à la flamme d'une lumière, on se convaincra bientôt que la plus grande partie de ces matières, c'est-à-dire la partie organique, est consumée par le feu, tandis que la partie inorganique, qui est la moindre, reste et forme la cendre.

Les corps organiques, dans le langage scientifique, sont les substances qui entrent dans la composition des organes chez les êtres organisés (végétaux et animaux). Ces corps sont toujours composés d'un petit nombre de corps simples. éléments principaux

Les corps organisés, dans le langage ordinaire, sont des corps pourvus d'appareils * à l'usage de l'activité vitale, de l'accroissement et du sentiment : tels sont les animaux et les plantes. Les corps bruts comme les pierres ou minéraux, et les matières qui composent les corps solides terrestres, ne possèdent pas ces appareils.

D. — Laquelle des deux parties précitées existe en plus grande quantité dans les plantes ?

R. — La partie organique est toujours dominante dans les végétaux : elle forme de 90 à 99 p. % de leur poids.

CHAPITRE II.

DES ÉLÉMENTS DONT LA PARTIE ORGANIQUE DES PLANTES SE COMPOSE.

D. — Qu'entend-on par éléments ou corps simples ?

R. — On appelle éléments ou corps simples, les corps non composés, ou que du moins la science n'a pu décomposer jusqu'à ce jour.

Il est probable que l'on parviendra plus tard à analyser, dans leurs différentes parties constituantes, beaucoup de corps simples. On en connait maintenant 58 dont 4 sont aériformes *, 2 liquides, 51 solides *, et 1 dont on n'a pas encore démontré la véritable nature.

D. — De quels éléments se compose la partie organique des plantes ?

R. — De quatre corps simples qui sont : le carbone, l'hydrogène, l'oxigène et l'azote.

D. — Qu'est-ce que le carbone ?

R. — Le carbone ou charbon est un corps solide, le plus souvent de couleur noire, sans odeur ni saveur, qui brûle dans le feu plus ou moins rapidement. Le charbon de bois, le charbon de terre, la houille, le lithanthrax *, le noir de fumée, le graphite * et le diamant sont autant de différentes espèces de charbon ou de carbone.

On peut, comme expérience instructive, brûler du charbon de bois ou de la houille dans le feu ou à la flamme d'une lumière : si l'on tient une plaque de métal au-dessus de la lumière, on verra bientôt s'y attacher du noir de fumée qui, ne se composant que des parcelles non consumées par la lumière, forme du carbone assez pur. L'instituteur devra faire remarquer la grande différence qui existe entre les corps ci-dessus dénommés, depuis le charbon de bois jusqu'au diamant, lesquels cependant se composent tous de la même matière première.

D. — Qu'est-ce que l'hydrogène ?

R. — L'hydrogène est un gaz * ou une espèce d'air qui brûle avec une flamme terne, un peu semblable à celle de l'esprit de vin ; il brûle aussi d'un éclat très-vif quand on l'a préparé pour l'éclairage des villes. Dans le gaz hydrogène, une lumière ne peut brûler et un animal ne saurait vivre.

D. — Indiquez-moi d'autres propriétés de l'hydrogène ?

R. — Le gaz hydrogène mêlé à l'air ordinaire ,
dans la proportion de 2 litres d'hydrogène avec 5 litres d'air fait explosion ; ce gaz dans cet état de mélange est appelé gaz fulminant, parce que, dès qu'on
y met le feu, il donne lieu à une détonnation subite.
Comme cette explosion peut avoir des suites mor-
telles, il faut apporter les plus grandes précautions
dans l'emploi du gaz fulminant, dont on fait usage
pour obtenir un très-haut degré de chaleur. L'hydrogène est aussi la plus légère de toutes les espèces
de gaz ; c'est même le plus léger de tous les corps.
Le poids de l'air ordinaire se rapporte à celui de
l'hydrogène, comme $14\frac{1}{2}$ à 1.

Fig. 1.

Expériences. — On obtiendra du gaz
hydrogène en jetant dans un grand verre
de petits morceaux de zinc ou de la limaille
de fer, sur lesquels on versera une petite
quantité d'acide sulfurique *, et on ajou-
tera de l'eau en quantité double de celle
de l'acide sulfurique ; on couvrira ensuite
le verre pendant quelques minutes, puis
on y introduira une bougie allumée.
(Fig. 1). Alors une petite explosion a

lieu, parce que l'air ordinaire s'est combiné (1) dans le verre avec l'hydrogène et a formé le gaz fulminant. Cela doit être fait avec les plus grandes précautions. On fait une autre expérience en laissant la production du gaz s'opérer d'elle-même dans une bouteille fermée par un bouchon à travers lequel on fait passer un petit bout de tube en verre ou bien un tuyau de pipe. Après quelque temps, lorsque le gaz hydrogène, en se formant, a chassé tout l'air de la bouteille, on approche une lumière du tube, et le gaz qui s'en échappe brûle aussitôt d'une flamme faible et bleuâtre. (Fig. 2).

Fig. 2.

Si l'on tient sur la flamme un plus large tube en verre, il en résulte, après un instant, un bruit sonore qui est la suite de la formation et de la combustion continuelle de toutes les petites parties du gaz fulminant. On appelle cette expérience harmonica chimique (Fig. 3.) Si l'on tire le bouchon et le tube de la bouteille et que l'on y introduise une lumière, celle-ci s'éteint parce que le gaz s'enflamme et brûle en s'échappant à l'embouchure du vase. Pour prouver la légèreté de l'hydrogène, on peut

Fig. 3.

en remplir un petit ballon fait de feuilles d'or ou de vessies de poissons, comme on en trouve à acheter partout, et

____

(1) On saura bientôt ce que c'est qu'une combinaison chimique.

1.

Fig. 4.

qu'on lie bien au tube qui traverse le bouchon de la bouteille ; lorsque le gaz qui s'échappe du tube a gonflé le ballon de toutes parts , on délie celui-ci, qui s'élève dans l'air avec une grande vitesse. (Fig. 4.) Quand on fait des expériences avec l'hydrogène dans des vases fermés, il faut toujours avoir grand soin de ne jamais mettre le gaz en contact avec une lumière avant de s'être bien assuré que le vase ne contient plus de gaz fulminant.

D. — Qu'est-ce que l'oxigène ?

R. — C'est une autre espèce de gaz. Une chandelle brûle dans l'oxigène avec la plus grande vivacité ; des charbons ardents, un fil de fer rougi au feu s'y enflamment au point de produire une lumière éblouissante. Les animaux peuvent y vivre, mais très-peu de temps, parce qu'il excite trop vivement la force vitale. L'oxigène est plus pesant que l'hydrogène et que l'air ordinaire ; c'est le corps le plus répandu sur la terre, il forme les $\frac{9}{10}$ de l'eau et $\frac{1}{5}$ de l'air que nous respirons.

EXPÉRIENCES. — La manière la plus facile d'obtenir l'oxigène est de piler dans un mortier des parties égales en

Fig. 5.

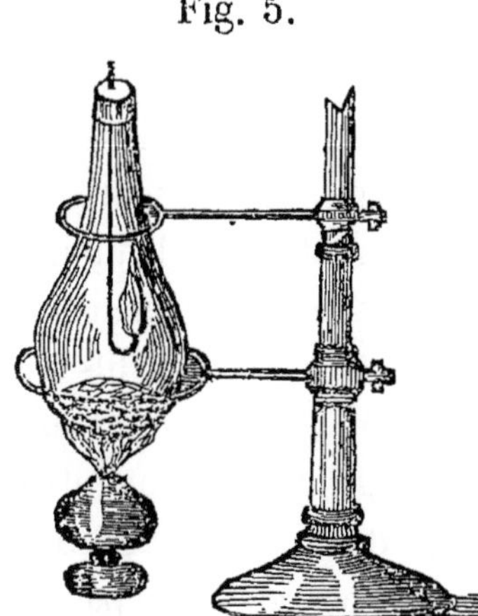

poids de deutoxide * de cuivre et de chlorate * de potasse, de verser ce mélange dans une bouteille dite de Florence et de le chauffer au moyen d'une lampe. (Fig. 5). On peut se procurer du deutoxide de cuivre en chauffant à blanc un mince morceau de cuivre et en le battant avec le marteau, après l'avoir laissé refroidir ; les coups de marteau font tomber des paillettes de deutoxide de cuivre. Ce deutoxide de cuivre, déjà employé pour la préparation du gaz oxigène, peut, après avoir été lavé, servir de nouveau. Le chlorate de potasse s'achète chez les droguistes ; c'est une substance très-dangereuse : il suffit d'un choc violent pour qu'elle fasse explosion ; le mélange doit donc être fait dans le mortier avec les plus grandes précautions et en très-petite quantité. En général, il n'y a qu'un homme exercé qui doive procéder à cette expérience. Une autre manière moins dangereuse d'obtenir de l'oxigène consiste à mettre dans un récipient * en verre un peu de deutoxide de mercure *, ou précipité * rouge, et de le faire chauffer avec la lampe ; l'oxigène se développera et montera bientôt. On peut tenter cette expérience en plongeant dans le récipient un copeau un peu embrâsé ; celui-ci brûlera aussitôt d'une flamme très-vive, tandis que le mercure se rassemblera en petites boules brillantes. (Cette expérience donnera occasion à l'instituteur d'expliquer la signification du mot oxide *.) Il y a encore plusieurs autres manières d'obtenir l'oxigène, particulièrement celle qui consiste à chauffer du peroxide de manganèse * avec de l'acide sulfurique.

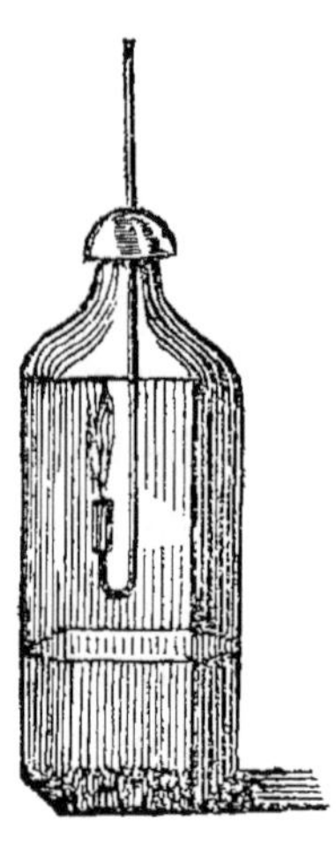

Fig. 6.

Que ce gaz soit obtenu d'une manière ou d'une autre, on en rendra les propriétés sensibles en introduisant, au moyen d'un fil de fer, dans les bouteilles qui en sont remplies, soit des charbons ou des mèches allumées, soit des fils d'acier rougis. (Fig. 6.) Pour remplir une bouteille de gaz oxigène, on peut introduire dans le cou de la bouteille où se forme ce gaz un tube recourbé pourvu d'un bouchon (comme à la figure 12); et le recueillir à la surface de l'eau, de la même manière que lorsqu'on fait usage d'une cornue * (comme à la figure 7).

D. — Qu'entend-on par azote?

R. — L'azote est une espèce d'air très-différente des espèces déjà nommées. C'est un gaz incolore, inodore et transparent; il asphyxie les animaux qui le respirent et éteint les corps en combustion; il ne brûle pas comme l'hydrogène et est un peu plus léger que l'air atmosphérique dont il forme les $\frac{4}{5}$.

Expériences. — La manière la plus simple d'obtenir de l'azote consiste à mêler du sel ammoniac avec une quantité de salpêtre qui sera de la moitié du poids du sel ammoniac et, après avoir réduit ces deux corps en une poudre très-fine, à les chauffer dans une cornue au moyen d'une lampe. On recueillera à la surface de l'eau le gaz qui se développe, de la manière suivante : on plongera dans un vase presque plein d'eau le col de la cornue ; on fera plonger au-dessus une bouteille tout-à-fait remplie d'eau et dont le goulot devra être placé au-dessus de l'ouverture de la cornue. Le gaz arrive en bulles et déplace peu à peu l'eau

Fig. 7.

contenue dans la bouteille jusqu'à ce qu'il l'ait remplie entièrement (Fig. 7.) Ensuite on bouche sous l'eau l'ouverture de la bouteille avec un bouchon ou une plaque de verre, puis on retire la bouteille de l'eau (1). On peut aussi produire de l'azote en brûlant du phosphore * dans une bouteille remplie d'air ordinaire ou, ce qui est mieux, sous une cloche en verre, renversée sur un plat plein d'eau,

Fig .8.

afin d'empêcher que l'air y puisse pénétrer. On met le phosphore dans une toute petite soucoupe et l'on place celle-ci sur une carte qui la retient au-dessus de l'eau en surnageant. (Fig. 8.) Lorsque le phosphore est brûlé, l'eau monte fortement, preuve que la quantité d'air qui se trouvait dans la cloche a diminué. C'est en effet ce qui a eu

(1) Ce procédé indiqué par l'auteur allemand n'est pas suivi en France et ne nous semble pas pouvoir fournir de l'azote pur. (NOTE DU TRAD.)

lieu, car le phosphore en brûlant a absorbé l'oxigène de l'air, ou plutôt il s'est combiné avec lui en produisant de l'acide phosphorique qui se précipite sur les parois de la cloche en vapeur blanchâtre; il n'y reste donc plus que de l'azote. Si l'on ntroduit dans la bouteille une chandelle allumée, elle s'éteint aussitôt. (Fig. 9.)

Fig. 9.

C'est ici le lieu d'intercaller une remarque utile. Les chimistes ont adopté certains signes pour désigner les matières simples et leurs combinaisons, afin d'en faciliter l'étude et d'abréger le travail. Cependant comme l'étude de ces signes n'est pas de grande importance pour celui qui n'est pas chimiste, nous nous contenterons d'en indiquer seulement quelques-uns afin d'épargner du temps à nos lecteurs. On s'habituera donc à écrire O, au lieu d'oxigène; H, au lieu d'hydrogène; N, au lieu d'azote ou nitrogène; C, au lieu de carbone; S, au lieu de soufre; P, au lieu de phosphore; Cl, au lieu de chlore; K, au lieu de potassium (*Kalium*); Na, au lieu de protoxide de sodium (*Natrium*); Mg, au lieu de magnésie; Fe, au lieu de fer; Mn, au lieu de manganèse. Ces lettres sont les signes chimiques employés dans la plupart des ouvrages sur la chimie, pour désigner les matières d'une manière plus courte.

D. — Tous les végétaux contiennent-ils les quatre éléments ci-dessus nommés, savoir : le carbone, l'oxigène, l'hydrogène et l'azote ?

R. — Non, la plus grande partie des végétaux n'en renferment que trois qui sont : le carbone, l'hydrogène et l'oxigène.

D. — Quelles sont les matières végétales les plus connues et les plus importantes où l'on rencontre ces trois corps simples ?

R. — La fécule, la gomme, le sucre, le ligneux, les huiles et les graisses.

CHAPITRE III.

NUTRITION ORGANIQUE DES PLANTES.

D. — Les plantes exigent-elles de la nourriture comme les animaux ?

D. — Oui, tous les végétaux demandent, pour croître et prospérer, une affluence continuelle de matières nutritives.

R. — D'où viennent ces matières nutritives ?

R. — Elles se trouvent partie dans l'air, partie dans le sol.

R. — Comment les plantes prennent-elles leur nourriture ?

D. — Elles la tirent de l'air par les feuilles, et du sol par les racines.

D. — Combien d'espèces de substances nutritives les plantes exigent-elles ?

R. — Il y en a de deux sortes, les unes organiques, qui conservent, complètent et remplacent les parties organiques du végétal ; les autres inorganiques qui opèrent les mêmes effets sur ses parties inorganiques.

D. — D'où les plantes tirent-elles leur nourriture organique ?

R. — De l'air et de la terre.

D. — Et d'où tirent-elles leur alimentation in-organique ?

R. — Uniquement du sol dans lequel elles croissent.

D. — Sous quelle forme les plantes tirent-elles de l'air leur nourriture organique ?

R. — Principalement sous la forme d'acide carbonique.

D. — Qu'entend-on par acide carbonique ou gaz carbonique ?

R. — C'est une espèce de gaz tout-à-fait incolore et d'une odeur piquante particulière. Les corps allumés s'éteignent dans ce gaz ; les animaux ne peuvent le respirer ; il est plus pesant que l'air ordinaire ; rend laiteuse l'eau de chaux primitivement claire et est absorbé par un volume d'eau pure égal au sien ; il est la cause de ce que les eaux minérales pétillent ; il produit aussi l'écume de la bière et des vins mousseux. L'odeur des matières en fermentation, par exemple celle du vin nouveau, résulte de son développement. Ce gaz forme aussi presque la moitié des corps constituans des roches calcaires.

EXPÉRIENCES. — On peut obtenir du gaz carbonique, en versant dans une bouteille (comme à la figure 2) de l'esprit de sel sur un morceau de pierre calcaire ou sur de la soude * ordinaire. L'acide carbonique se développe aussi très-rapidement si l'on met dans l'eau du bicarbonate * de soude semblable à celui qu'on achète dans les pharmacies. L'eau pétille bientôt et obtient une saveur très-rafraîchissante, surtout si on y ajoute de la poudre d'acide tartrique *. On peut recueillir l'acide carbonique, lorsqu'il a été produit d'après la première épreuve, de la même manière que l'on recueille le gaz oxigène. Des expériences démontrent qu'une lumière s'éteint dans le gaz carbonique (Fig. 10); qu'il est si pesant qu'on peut le transvaser dans un autre verre ; qu'étant versé avec un large verre sur la flamme d'une lumière il l'étouffe aussitôt ;

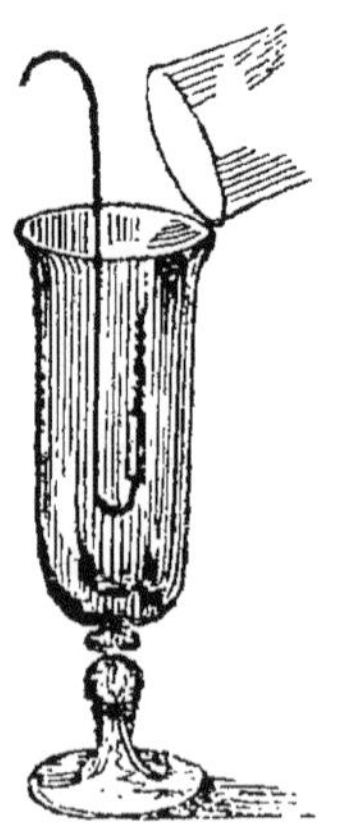

Fig. 10.

Fig. 11.

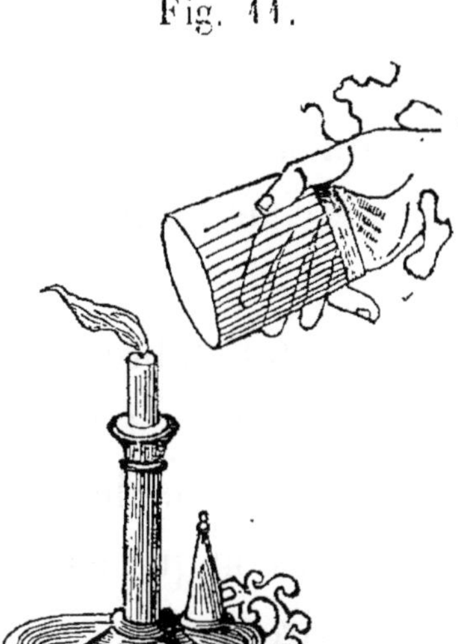

et enfin, qu'étant conduit au moyen d'un tube recourbé (Fig. 12), à travers de l'eau

Fig. 12.

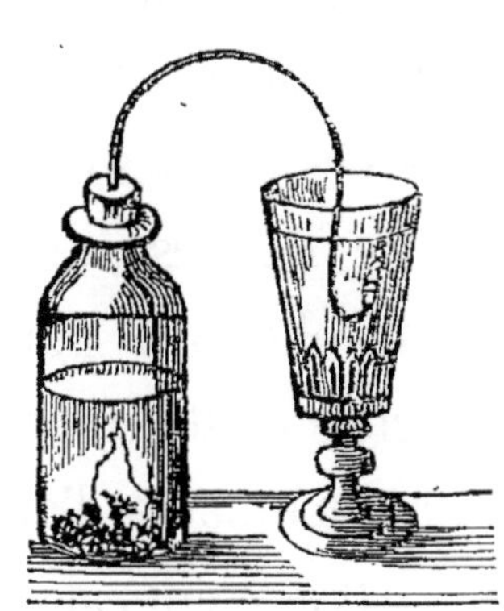

de chaux, il la trouble en y formant du carbonate* de chaux. On prépare de l'eau de chaux en mettant un peu de chaux vive dans une bouteille qu'on remplit d'eau, qu'on agite fortement et qu'on laisse ensuite reposer.

D. — L'air atmosphérique* contient-il une grande quantité de gaz carbonique?

R. — Non, les principaux éléments qui le composent, sont l'oxigène et l'azote. 100 parties d'air ordinaire renferment 23 parties d'oxigène et 77 d'azote; 20 litres d'air contiennent environ 16 litres d'azote et 4 litres d'oxigène; mais 2,000 litres d'air renferment seulement 2 litres de gaz carbonique environ.

D. — Les plantes tirent-elles de l'air beaucoup d'acide carbonique?

R. — Oui, elles en absorbent une quantité très-considérable.

D. — Mais comment se fait-il qu'elles en absorbent une grande quantité, puisque l'air lui-même en contient si peu ?

R. — Les plantes étendent à l'air un nombre immense de feuilles minces et présentant de larges surfaces : elles ont, par leur structure particulière, la propriété d'attirer à elles le gaz carbonique contenu dans la masse d'air qui les environne.

D. — Comment cela peut-il se faire ?

R. — Au moyen d'un nombre infini de petites ouvertures ou pores dont leurs feuilles sont pourvues à la surface inférieure.

D. — Les feuilles absorbent-elles en tout temps du gaz carbonique ?

R. — Non, elles en absorbent seulement pendant le jour. La nuit, au contraire, elles en dégagent une certaine quantité.

D. — De quoi se compose le gaz carbonique ?

R. — Le gaz carbonique se compose de carbone ou charbon et d'oxigène.

6 parties de carbone et 16 parties d'oxigène forment 22 parties de gaz carbonique.

D. — Comment peut-on le prouver ?

R. — C'est que si l'on brûle du carbone dans du gaz oxigène, il en résulte la formation du gaz carbonique ?

Cette expérience se fait en mettant un charbon de bois ardent dans une bouteille pleine de gaz oxigène, (à peu près comme on le voit fig. 6), jusqu'à ce que le charbon soit consumé ; ensuite on introduit dans le vase une lumière qui s'y éteint, preuve que le gaz carbonique a remplacé l'oxigène.

D. — Les plantes conservent-elles également le carbone et l'oxigène du gaz carbonique qu'elles ont absorbés au moyen de leurs feuilles ?

R. — Non, elles gardent seulement le carbone et rendent à l'air l'oxigène.

D. — Comment peut-on le démontrer ?

R. — Si l'on met quelques feuilles vertes et grasses sous une cloche en verre remplie d'eau de source, et qu'on expose le tout au soleil, on verra bientôt (fig. 13) de petites bulles d'oxigène se dégager des feuilles, monter et s'accumuler à la partie

Fig. 13.

supérieure de la cloche, après en avoir déplacé l'eau.

Pour cette expérience, on fera bien d'ajouter à l'eau quelques gouttes d'acide sulfurique ou d'acide muriatique* qui hâtent la formation des bulles d'oxigène. Les feuilles tirent en quelque sorte l'oxigène du gaz carbonique contenu dans l'eau ; elles absorbent le carbone du gaz carbonique et dégagent l'oxigène. Par conséquent, si l'on employait de l'eau distilée, il s'en suivrait que les feuilles ne pourraient pas dégager d'oxigène.

D. — Les plantes tirent-elles encore d'autres substances de l'air ?

R. — Oui, elles en absorbent les vapeurs aqueuses.

D. — Quelle est pour elles l'utilité des vapeurs aqueuses ?

R. — Celles-ci servent à introduire l'humidité dans les feuilles et dans la tige, et favorisent ainsi l'accroissement des végétaux.

La vapeur d'eau existe partout dans l'atmosphère*. La quantité de vapeur d'eau dans l'air dépend de l'heure, du jour, de la saison, de la chaleur, de l'élévation du terrain au-dessus du niveau de la mer, de la proximité des courants ou masses d'eau, des montagnes, des plaines, des déserts, des vents dominants, etc. ; c'est pourquoi elle est partout si différente. La somme moyenne de la vapeur d'eau forme le $\frac{1}{100}$ du poids de l'air.

D. — Sous quelle forme les plantes tirent-elles le carbone du sol?

R. — Sous la forme d'acide carbonique, d'acide ulmique * et de plusieurs autres corps que l'on rencontre dans la partie noire organique du sol nommée terreau.

Pour avoir de l'acide ulmique, on dissout un peu de soude ordinaire dans de l'eau; on mêle cette dissolution avec de la tourbe réduite en poudre ou avec de la terre noire de jardin; après avoir laissé au liquide le temps de déposer, on le décante *, puis on y ajoute un peu d'esprit de sel. Alors on voit des flocons bruns se précipiter : ces flocons sont de l'acide ulmique qui ne se compose que de carbone et d'eau.

D. — Sous quelle forme les plantes absorbent-elles l'azote du sol?

R. — Sous la forme d'ammoniaque et d'acide nitrique?

Nous parlerons plus bas des propriétés de ces deux corps, en traitant de l'enseignement des engrais.

CHAPITRE IV.

PRINCIPES ORGANIQUES DES PLANTES.

R. — Quels sont les corps composés qui constituent les parties organiques des plantes?

R. — Ces parties se composent de fécule, de gluten, de ligneux, de gomme, de sucre et d'albumine.

R. — Ces matières se ressemblent-elles sous quelque rapport?

R. — La fécule, le ligneux, la gomme et le sucre se composent des mêmes matières premières; le gluten et l'albumine ont aussi entre eux un certain rapport de ressemblance.

R. — Qu'est-ce que la fécule?

R. — La fécule (amidon) est une poudre blanche, qui forme presque toute la matière solide des pommes-de-terre et à peu près la moitié du poids de la farine de toutes les espèces de blés. Dissous dans l'eau chaude, l'amidon forme l'empoi.

L'amidon se compose d'un nombre infini de petits corps globulaires, comme on peut s'en convaincre au moyen du microscope *. Combiné avec l'iode *, il donne à ce corps simple une coloration bleuâtre. Des expériences le prouvent de la manière la plus claire. Si l'on verse sur une tranche de pomme-de-terre, une goutte de dissolution d'iode dans de l'esprit de vin, la pomme-de-terre devient bleue ; la même chose a lieu avec de l'empoi délayé. On se sert plus efficacement, pour cette dernière expérience, d'une coupelle * évasée dans le fond ; il est bon d'en posséder plusieurs que l'on range sur un appareil en bois (fig. 14) ; on se sert de petits bâtons pour remuer le liquide contenu dans les coupelles.

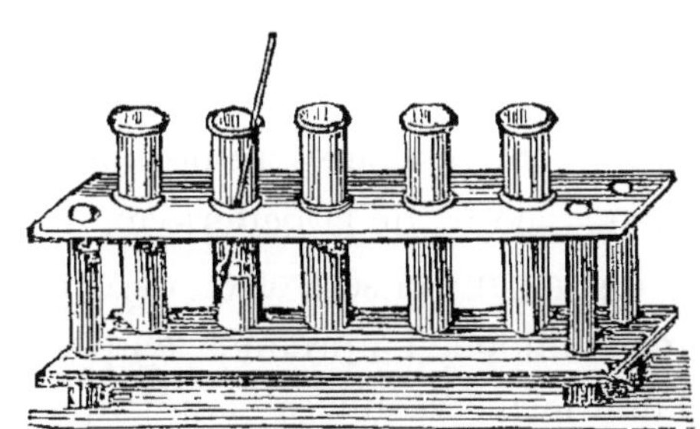

Fig. 14.

D. — L'amidon éprouve-t-il du changement lorsqu'on l'expose longtemps à l'air et à la chaleur ?

R. — Oui, il se décompose en gomme et en sucre, deux matières qui existent aussi dans les plantes.

D. — Qu'est-ce que la gomme ?

R. — La gomme est une substance sans odeur ni saveur qui, dissoute dans l'eau, forme avec celle-ci un mucilage * épais.

La gomme arabique, la résine des cerisiers, etc., sont diverses espèces de gommes. La gomme diffère de l'amidon en ce qu'elle contient plus d'oxigène que celui-ci.

D. — Qu'est-ce que le sucre?

R. — Le sucre est une matière qui se distingue surtout par sa saveur douce. Il se dissout clairement dans l'eau, et cette dissolution * devient visqueuse comme de l'eau de gomme.

On distingue deux espèces de sucres : le sucre ordinaire qui est le produit de la canne à sucre, de la betterave, du suc de l'érable; et le sucre de raisin qui se trouve dans le miel, dans les fruits et dans l'amidon. Le premier, en passant à l'état solide, prend une forme régulière, tandis que le second apparaît en petits grains irréguliers.

D. — Qu'est-ce que le ligneux ?

R. — Le ligneux est la matière solide qui forme la majeure partie du bois, de la paille, du foin, de la paillette, du coton, du lin, du chanvre, des coquilles de noix, etc. Le ligneux pur se compose d'une quantité de filaments blancs et très-fins, qui ne subissent aucun changement ni dans l'eau ni dans l'air, mais qui se consument rapidement dans le feu.

On obtient le ligneux des plantes en le séparant, par un moyen quelconque, de leurs parties solubles et molles. Ainsi la préparation du lin et du chanvre consiste à leur enlever leurs parties ligneuses dans l'état le plus pur possible.

D. — Qu'est-ce que le gluten ?

R. — Le gluten est un corps de couleur grise, qui ressemble à de la peau et que l'on trouve, ainsi que l'amidon, dans presque toutes les plantes. On peut obtenir du gluten avec de la farine de froment dont on fait une pâte et qu'on lave ensuite avec de l'eau.

Fig. 15.

Comme expérience, faites une pâte avec de la farine et de l'eau, et lavez-la sur un morceau de mousseline lié à l'ouverture d'un large vase; (Fig. 15.) l'eau, en devenant laiteuse, dissout l'amidon qui passe à travers l'étoffe, et le gluten reste. Au bout de quelque temps l'amidon se dépose au fond du vase sous la forme de poudre blanche.

D. — Qu'est-ce que l'albumine ?

R. — L'albumine (blanc d'œuf) est une matière grisâtre ayant beaucoup de ressemblance avec le gluten et qui se rencontre, comme lui, dans toutes les semences oléagineuses *, dans les céréales et en outre dans plusieurs autres plantes.

L'albumine se trouve aussi dans le corps animal, dans l'œuf, dans le sang, dans le cerveau, etc. Le gluten et l'albumine ressemblent en général à beaucoup de matières très-différentes entre elles, mais toutes importantes, dont se compose le corps animal.

D. — De toutes les substances qui viennent d'être indiquées, qu'elles sont celles que l'on rencontre le plus souvent dans les plantes ?

R. — Le ligneux existe le plus ordinairement dans la souche et dans la tige; l'amidon dans la semence.

D. — Y a-t-il aussi de l'amidon dans les racines des plantes ?

R. — Oui et en grande quantité; il s'en trouve, par exemple, dans la pomme-de-terre et autres tubercules de ce genre.

Comme expérience, on prépare l'amidon de pommes-de-terre, en rapant des pommes-de-terre sur une rape ordinaire , puis on lave ce produit avec de l'eau sur un tamis ; le tamis retient les matières fibreuses, tandis que l'amidon passe avec l'eau ; on laisse déposer l'amidon , on le lave de nouveau, ensuite on le recueille sur un linge et on le fait sécher.

D. — De quoi se composent le ligneux , l'amidon , la gomme et le sucre ?

R. — Toutes ces substances se composent seulement de carbone , d'hydrogène et d'oxigène (l'hydrogène et l'oxigène formant de l'eau.)

Les indications suivantes rendront sensible leur composition et aideront à la retenir facilement.

36 parties de carbone et 36 parties d'eau forment 72 parties de ligneux.

36 parties de carbone et 45 parties d'eau forment 81 parties d'amidon sec ou de gomme.

36 parties de carbone et 49 parties 1/2 d'eau forment 85 parties 1/2 de sucre.

36 parties de carbone et 27 parties d'eau forment 63 parties d'acide ulmique.

D.—Tous ces corps peuvent-ils être formés par les substances nutritives que les plantes tirent de l'air?

R. — Oui, car les feuilles absorbent tout à la fois de l'eau et de l'acide carbonique.

D. — Pourquoi les feuilles rendent-elles à l'air l'oxigène de l'acide carbonique ?

2.

R. — Les feuilles n'ayant besoin que de carbone et d'eau pour former le ligneux, l'amidon, la gomme et le sucre qui en sont composés, rejettent comme inutile l'oxigène de l'acide carbonique.

D. — Mais si les plantes absorbent toujours une quantité aussi considérable de gaz carbonique, n'arriveront-elles pas à la fin à priver l'air de tout ce qu'il peut en contenir ?

R. — Non, car ce gaz se renouvelle continuellement dans l'air.

D. — D'où vient la reproduction de ce gaz ?

R. — De trois sources : 1° de la respiration des animaux qui exhalent sans cesse une assez grande quantité de gaz carbonique, en respirant l'air ordinaire.

En effet, l'expérience démontre que l'air exhalé que l'on introduit en soufflant, au moyen d'un brin de paille ou d'un tube en verre, dans de l'eau de chaux claire, peut la troubler comme le ferait l'acide carbonique résultant de la chaux et de la soude.

2° De la combustion de toute espèce de matières inflammables, car le carbone passe à l'état de gaz carbonique, en s'unissant à l'oxigène de l'air.

3° De la destruction ou putréfaction, dans la terre.

des végétaux et généralement des corps organiques. Cette décomposition peut être considérée comme une sorte de faible combustion, au moyen de laquelle le charbon végétal contribue à la formation de l'acide carbonique.

D. — Les plantes et les animaux contribuent-ils réciproquement à leur nutrition ?

R. — Oui, car les animaux forment l'acide carbonique dont les plantes se nourrissent ; celles-ci, en revanche, forment, avec le carbone et l'eau, les substances dont les animaux vivent.

D. — Si le ligneux, la fécule, la gomme et le sucre ne se composent que de carbone et d'eau, de quoi se compose donc l'eau elle-même ?

R. — D'oxigène et d'hydrogène.

D. — Dans quelle proportion l'eau contient-elle chacun de ces éléments ?

R. — 4 kilogr. 1/2 d'eau contiennent environ 4 kilogr. d'oxigène et 1/2 kilogr. d'hydrogène.

L'eau et l'air exercent dans la nature la plus haute influence ; l'eau est surtout d'une valeur incalculable pour l'économe rural ; l'eau est le sang, le principe vivifiant de la terre ; et d'elle dépend en grande partie l'accroissement des plantes et des animaux. L'instituteur devra s'occuper particulièrement de l'étude de l'eau ; il en expliquera et décrira, convenablement et en détail, les propriétés principales et les trois transformations sous lesquelles elle apparaît : solide, à l'état de glace ; liquide, à son état ordinaire, et vaporeuse dans l'air, les brouillards et les nuages ; enfin il fera remarquer les résultats immenses de de son emploi dans l'économie rurale.

D. — N'est-il pas incompréhensible que l'eau qui, à l'état liquide, a la propriété d'éteindre le feu, soit composée de deux espèces d'air, dont l'un brûle lui-même, et l'autre favorise considérablement la combustion ?

R. — Ce phénomène est frappant, il est vrai : néanmoins, il y a encore plusieurs autres matières, dont la composition est aussi remarquable.

D. — Pourriez-vous en nommer quelques-unes qui nous soient déjà connues ?

R. — L'amidon blanc et sec, par exemple, se compose de charbon noir et d'eau ; le sucre et la gomme, qui, à l'extérieur paraissent si différents de l'amidon, ont cependant la même composition ; il en est de même du ligneux.

D. — Quels éléments contribuent à la formation de ces derniers corps ?

R. — Le carbone, l'hydrogène et l'oxigène.

D. — De quoi se compose le gluten ?

R. — De quatre éléments : le carbone, l'hydrogène, l'oxigène et l'azote ; il contient en outre un peu de soufre et de phosphore.

D. — Les plantes tirent-elles de l'air toutes les matières premières dont se compose le gluten ?

R. — Non, elles ne reçoivent de l'air que le carbone, l'hydrogène et l'oxigène ; la terre leur fournit l'azote, le souffre et le phosphore.

En parlant des principes inorganiques des plantes, on expliquera plus amplement ce que sont le soufre et le phosphore.

D. — La terre contient-elle partout ces matières ?

R. — Non, c'est pourquoi l'agriculteur devra chercher à les lui procurer au moyen de certains engrais qu'il aura soin d'employer selon la nature des végétaux qu'il cultive.

D. — Y a-t-il encore d'autres corps composés (outre ceux que l'on a déjà indiqués), dans les parties organiques des plantes ?

R. — Oui ; elles en contiennent encore un grand nombre ; mais ces corps sont d'une faible importance pour l'économe rural. Ainsi les plantes renferment encore, par exemple, de l'acide citrique, de l'acide malique, de l'acide tartrique, de l'acide

oxalique ,⁞ de l'acide formique , de l'acide gallique*, etc.; sans compter le tannin *, l'ulmine *, des
principes amers , des matières légumineuses , de
l'esprit de vin , des huiles volatiles * et grasses , de
la résine , de la cire , des substances colorantes , etc.

Il sera question plus tard des matières grasses végétales :
en attendant, pour donner une idée de la variété des substances qui entrent dans la composition des plantes, nous
indiquerons les matières constituantes de quelques fruits :
Le *froment* contient de l'amidon, du gluten, de la gomme,
de l'albumine , des principes mucoso-sucrés, du ligneux et
du phosphate * de chaux ; les *pois* contiennent de l'amidon,
du gluten, de l'acide pectique, du ligneux, des principes
gras et mucoso-sucrés, du carbonate de chaux, d'autres
sels et de l'eau ; la *graine de lin* contient de l'huile grasse,
de la résine, de la cire, des substances colorantes, de l'albumine, du gluten, du mucilage végétal, des principes
doux, de l'amidon uni à des sels, du tannin, de la gomme
unie à de la terre calcaire, de la fibrine *, du caséum *
et de l'eau ; la *paille de froment* renferme de l'esprit de vin,
de la cire, de la résine, de la lignine *, de l'eau et de la
cendre. Nous reparlerons plus tard de la composition des
plantes et de leurs cendres.

CHAPITRE V.

SCIENCE DES TERRAINS.

D. — De quelles parties se compose la terre où les plantes croissent?

R. — Seulement de deux parties, savoir : l'une organique combustible, et l'autre inorganique incombustible.

D. — Comment peut-on le prouver?

R. — En chauffant à rouge sur de la braise ou à la flamme d'une lampe un peu de terre labourable posée dans une cuillère en fer ou tenue sur la pointe d'un couteau (fig. 16), la terre devient d'abord

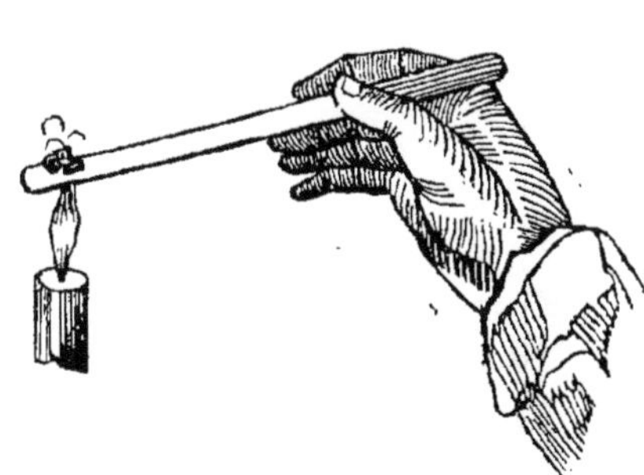

Fig. 16.

noire, ce qui prouve la présence du charbon; elle

prend ensuite, lorsque la matière noire est consumée, une teinte rougeâtre ou d'un gris brun : ce reste est la partie inorganique ou minérale de la terre.

Fig. 17.

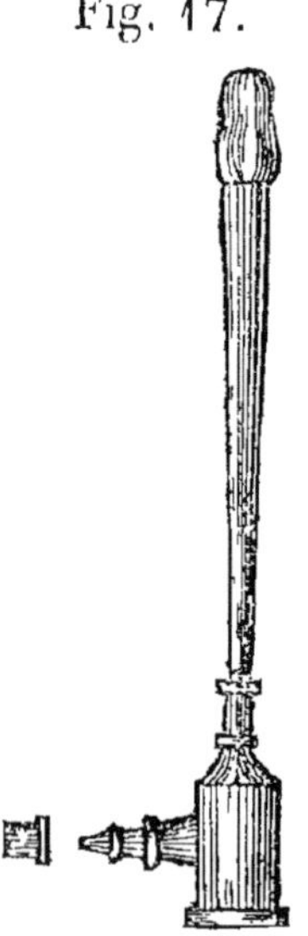

Cette expérience peut facilement se faire au moyen du chalumeau. Le chalumeau est un tube en laiton, d'une longueur de 18 à 20 centimètres (Fig. 17), se rétrécissant sous la forme conique * et se terminant en une pointe très-fine de platine *. On met dans la bouche l'embouchure du chalumeau et on produit, par une pression continue des muscles des joues, ce qui demande de l'exercice, un courant d'air non interrompu qui se précipite par la pointe sur la flamme d'une bougie ou d'une lampe, et qui produit sur celle-ci une flamme horizontale et de forme conique, beaucoup plus intense que la flamme ordinaire (Fig. 18). Si l'on dirige cette flamme sur un objet que l'on veuille brûler ou fondre, cet objet étant placé sur un corps qui résiste au feu ou sur du charbon, par exemple, on produit rapidement la combustion ou la fusion complète de l'objet.

Fig. 18.

Le chalumeau est un des instruments les plus utiles et les plus indispensables en chimie.

D. — D'où provient la partie inorganique de la terre ?

R. — La partie inorganique de la terre, telle que l'économe l'aperçoit, résulte soit de la décomposition des rochers par l'influence de l'air sur le lieu même, soit du dépôt accumulé par les inondations de débris de rochers sous la forme de graviers plus ou moins fins.

Dans la science géologique * qui s'occupe de la formation de la terre, on range la terre labourable parmi les terrains d'alluvions, c'est-à-dire parmi les couches récemment formées. Chaque jour une semblable formation a lieu. L'instituteur devra peut-être ici faire un court exposé de la formation du globe. Pour l'explication de l'efflorescence ou décomposition des rochers sous l'influence de l'air, il pourra se servir avec avantage de schistes * marneux et calcaires *, etc. En expliquant la formation des terrains d'alluvions, il citera les bancs de sable que l'on trouve dans les rivières et à l'embouchure des fleuves; la création des stalactites * lui fournira l'occasion d'expliquer comment les parties terreuses se précipitent de l'eau.

D. — Quelles sont les principales parties pierreuses de la terre labourable ?

R. — La silice (quartz * ou grès), l'argile et la pierre calcaire.

On pourra montrer ici, pour rendre la question précédente plus intelligible, des morceaux de grès, du gravier, du sable de rivière, de la pyrite *, de la terre de poterie, de pipe et de porcelaine décomposée en argile sous l'influence de l'air ; les débris agglomérés de rochers argilolithiques *, la pierre calcaire ordinaire, la craie, le marbre et le schiste calcaire.

D. — Comment appelle-t-on les terrains où l'une de ces parties domine ?

R. — On les appelle terrains sablonneux, terrains argileux et terrains calcaires.

D. — Ces divers terrains contiennent-ils encore des substances autres que celles que l'on a indiquées ?

R. — Oui, mais en plus petite quantité. Ainsi ces terrains contiennent de l'oxide de fer et de manganèse, de la potasse, de la soude, de la magnésie, de l'acide phosphorique, de l'acide sulfurique, de l'acide nitrique, de l'acide ulmique, du chlore, de l'ammoniaque, etc.

D. — Qu'est-ce qu'un terrain sablonneux ?

R. — Le terrain sablonneux se compose principalement de silice ; il est reconnaissable à l'incohérence de ses diverses parties, tellement que, même à l'état humide, il ne peut former des mottes de terre qu'autant qu'il est mélangé avec de l'argile.

On appelle sable mouvant le terrain le plus sablonneux et le plus poussiéreux, que le vent emporte ; il n'est propre qu'à la culture de très-peu de végétaux, par exemple : le havéron* et le sapin.

D. — Qu'est-ce que le terrain argileux ?

R. — Le terrain argileux a, contrairement au terrain sablonneux, tant de cohérence dans ses parties, qu'à l'état humide, il s'agglomère en mottes plus ou moins compactes qui ne se disjoignent pas même en séchant. L'argile entre pour la plus grande partie dans sa composition.

La terre glaiseuse pure n'est pas susceptible de culture.

D. — Le sable et l'argile se trouvent-ils mélangés dans le sol ?

R. — Sans doute, et presque toujours leur mélange forme les meilleures espèces de terres ; je veux parler des terres grasses ou franches.

D. — Qu'entend-on par terre grasse ?

R. — Une terre grasse est celle où l'on rencontre $\frac{1}{3}$ et même $\frac{1}{2}$ d'argile.

Le terrain glaiseux est un peu difficile à cultiver ; il convient surtout à la culture de l'orge et du froment.

D. — Connaît-on encore différentes autres espèces de terrains glaiseux?

R. — Oui, le terrain gras-sablonneux et le terrain argilo-sablonneux.

D. — En quoi ces terrains diffèrent-ils l'un de l'autre?

R. — Le terrain gras-sablonneux est plus cohérent, plus fort et forme une plus grande quantité de mottes que le terrain argilo-sablonneux : le premier renferme de $\frac{1}{5}$ à $\frac{1}{3}$ d'argile, tandis que le terrain argilo-sablonneux n'en contient que de $\frac{1}{10}$ à $\frac{1}{5}$.

Tous les deux sont faciles à labourer. La terre grasse sablonneuse forme un excellent terrain où le froment, le seigle et les raves réussissent parfaitement. Le sable argileux convient surtout à la culture de l'avoine et des pommes-de-terre.

D. — Qu'est-ce que le terrain calcaire?

R. — C'est celui qui contient plus de $\frac{1}{5}$ de chaux. Lorsqu'il en contient moins, on l'appelle terrain calcifère, c'est-à-dire renfermant de la chaux.

D. — Doit-on faire attention aux autres substances qui entrent dans la composition du terrain calcaire?

R. — Non, cela n'a pas grande utilité. Cependant, et pour tout dire, on appelle terrain marneux une terre qui contient de $\frac{1}{5}$ à $\frac{1}{2}$ de chaux mélangée à une quantité suffisante d'argile.

D. — A quoi reconnait-on la chaux et la marne?

R. — Principalement à leur couleur blanche, bleue et grise; ensuite à ce qu'elles bouillonnent avec effervescence, dès qu'on les arrose de vinaigre fort ou d'esprit de sel. La même ébullition a lieu, lorsqu'on détrempe de la chaux vive dans de l'eau.

Le terrain calcaire devient sec plus lentement que le sable et plus promptement que l'argile; il attire fortement les parties aqueuses de l'air. Les terrains qui contiennent médiocrement de chaux et de marne doivent être rangés parmi les meilleurs; ils sont surtout très-propres à la culture des trèfles. On reconnait la présence de la chaux et de la marne dans un terrain, à l'accroissement vigoureux de différentes plantes, par exemple du tussillage*, du murier sauvage, de la bugrane*, de la sarrette des teinturiers, etc. Un pareil terrain est excellent pour la culture des graminées*, il contribue aussi à augmenter la partie farineuse des graines. (Il sera encore une fois question de la marne, lorsqu'on parlera des divers engrais).

D. — Y a-t-il encore d'autres espèces particulières de terrains à signaler?

R. — Ceux qui se composent de parties organiques putréfiées et qu'on appelle terreaux.

D. — Quelle quantité de matières organiques un terrain doit-il contenir, pour qu'on puisse lui donner le nom de terreau ?

R. — Plus de $\frac{1}{30}$ de sa masse ; s'il en contient moins, c'est un terrain pauvre ; il est riche au contraire s'il en renferme davantage.

D. — A quoi reconnaît-on la quantité du terreau dans le sol ?

R. — A la couleur sombre de celui-ci, à la facilité qu'il a de s'humecter et de rester humide, et encore à son poids plus léger.

D. — Y a-t-il différentes subdivisions de terreaux ?

R. — Oui ; les principales sont : le terreau acide ou tourbeux et marécageux ; le terreau résineux, ou les landes ; le terreau doux, ou la novale ; le terreau gras, ou terre humide et basse ; et enfin le terreau produit artificiellement à force d'engrais.

Les terreaux doux et gras, particulièrement s'ils sont en même temps calcifères, sont sans contredit les meilleures terres labourables ; ils sont productifs, et avec grande fertilité, pendant 30 et même 40 ans, sans avoir besoin d'engrais. Les plantes oléagineuses, le froment, l'orge d'hiver, le trèfle y viennent parfaitement. On rend les terreaux acides fertiles, en leur enlevant leur acidité par la dépuration, par l'influence de l'air et par l'usage de la chaux. Ce n'est qu'après avoir été brûlés que les terreaux résineux sont d'un bon rapport. (Dans le Hanôvre et l'Oldenbourg, on brûle les terreaux marécageux). On range aussi parmi les diverses variétés de terreaux le fonds vaseux des lacs et des étangs desséchés.

D. — Y a-t-il encore quelques autres espèces de terrains ?

R. — On trouve encore çà et là diverses terres qui tirent leur nom de la quantité de gypse, de talc *, d'oxide * de fer qu'elles contiennent; mais elles sont trop rares pour qu'il soit utile à l'agronome d'en faire une étude spéciale.

On appelle aussi volcaniques les terrains ferrifères *, parce qu'on les regarde comme le produit de volcans ou de boulversements analogues survenus dans le globe.

D. — Nous n'avons considéré jusqu'à présent que la couche supérieure de la terre labourable : comment appelle-t-on cette couche ?

R. — On l'appelle couche végétale.

D. — Comment en détermine-t-on l'épaisseur et la composition ?

R. — La couche végétale est cette partie de la terre labourable qui contient le terreau ou matières organiques putréfiées ; elle finit à une profondeur où ces matières ne se rencontrent plus ou du moins très-rarement et par hasard ; c'est à cette même profondeur que commence la seconde couche du sol, appelée sous-sol.

D. — L'économe rural doit-il avoir égard au sous-sol ?

R. — Il doit s'en occuper tout particulièrement, car les racines de plusieurs végétaux y pénètrent. Le sous-sol peut rendre un champ humide ou sec, selon que, d'après sa composition, il est perméable ou imperméalbe ; c'est-à-dire selon qu'il laisse passer ou retient l'eau. En outre, la propriété que possède un terrain de conserver la chaleur constitue sa qualité. Enfin le sous-sol peut très-souvent améliorer la couche végétale en se mélangeant avec elle, ou la fortifier en contribuant à en rendre la composition plus propre à la fertilité.

On se sert le plus ordinairement, pour explorer le sous-sol d'un terrain, d'une sonde que l'on emploie dans l'é-

Fig. 19. Fig. 20.

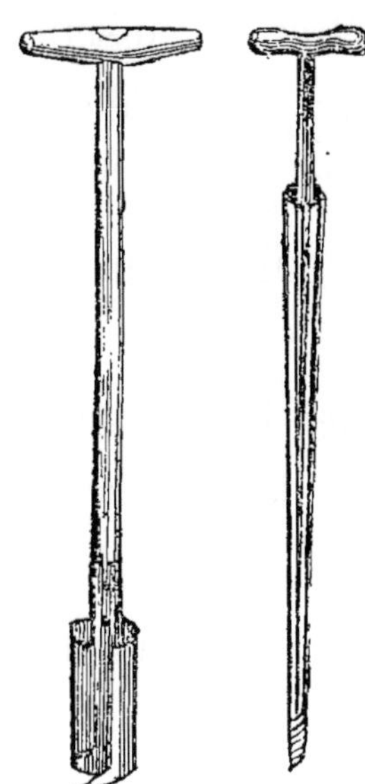

conomie forestière (Fig. 19), ou bien on peut faire usage d'un instrument plus commode encore, qui a la forme d'un bâton en fer de 1 mètre à 1 mètre 40 cent. de longueur (Fig. 20). On perce le sol avec ces instruments à une profondeur suffisante, afin de retirer des matières appartenant au sous-sol.

A propos du sous-sol, l'instituteur pourra dire quelques mots sur l'épuration du terrain au moyen de drains ou canaux souterrains; il pourra parler aussi du labour du sous-sol au moyen de charrues construites à cet effet.

D. — Importe-t-il que la couche végétale soit épaisse ?

R. — Cela importe beaucoup ; car une couche épaisse de terre végétale offre de grands avantages : elle est plus chaude, plus riche ; présente aux racines plus de nourriture et augmente par conséquent la fertilité ; elle favorise la culture des plantes à racines profondes, les protége aussi bien contre une trop grande humidité que contre la sécheresse, et facilite le labour.

D. — Comment détermine-t-on les diverses épaisseurs de la couche végétale ?

3.

R. — On appelle profonde une couche de terre végétale qui a plus de 30 centimètres d'épaisseur ; moyenne celle qui a 15 centimètres, et faible celle qui a moins de 12 centimètres.

D. — Quelles sont les plantes qui exigent une couche profonde ?

R. — La navette, le choux-rave, la carotte, le choux, le trèfle-rouge, la luzerne, la chicorée, le houblon, la garance.

D. — Quelles sont les plantes qui se contentent d'une couche moyenne et faible ?

R. — Le blé, la pomme-de-terre, la bette-rave, les plantes légumineuses, l'esparcette réussissent dans la couche moyenne. Les graminées, la spergule *, le blé sarrazin peuvent croître dans la couche végétale faible.

D. — Quelles sont les propriétés et qualités particulières dont l'on doit surtout tenir compte pour bien apprécier un terrain ?

R. — Il faut en considérer la pesanteur, la cohérence, la faculté que possède ce terrain de se délayer, de conserver l'eau et la chaleur, d'attirer l'humidité, l'oxigène et l'acide carbonique ; on doit aussi faire attention à la finesse ou à la rudesse du volume des parties inorganiques qui le composent.

D. — Quelles remarques sont à faire par rapport à la pesanteur d'un terrain ?

R. — Plus un terrain contient de terreau, plus il est léger ; plus il contient de sable, plus il pèse. L'argile tient le milieu entre ces deux extrêmes.

Il est facile de prouver par une expérience ce que nous venons d'avancer. Si l'on mélange dans un grand verre du terreau, de la glaise, de la marne, de l'argile et du sable, et si, après avoir versé de l'eau sur le tout et l'avoir agité, on laisse ce mélange bien reposer, le sable se précipitera d'abord au fond du vase, l'argile en-suite, et le terreau restera au-dessus. (Fig. 21).

Fig. 21.

D. — Qu'entend-on par cohérence du sol ?

R. — C'est l'union entre elles des diverses pe-tites parties du sol. Cette union amène dans le sol une compacité plus ou moins grande.

D. — La cohérence du sol mérite-t-elle quelque attention ?

R. — Oui certainement, car d'elle dépendent la plus ou moins grande facilité du labour, le temps où l'on doit labourer et ensemencer, et la manière à employer pour y procéder.

D. — Quels sont les terrains qui offrent le plus de cohérence ?

R. — Les terrains argileux. En général, la cause de la cohérence du sol dépend de la quantité d'argile qu'il contient. On appelle ces terrains tenaces, compactes, cohérents, faciles, légers, meubles et mouvants, selon l'intensité plus ou moins grande de leur cohérence.

D. — Qu'entend-on par propriété de conserver l'eau ?

R. — C'est la faculté que possède une terre de retenir une certaine quantité d'eau qu'elle a absorbée.

D. — Quels sont les terrains qui possèdent cette faculté au plus haut degré ?

R. — Le terreau et l'argile ; c'est le sable qui retient le moins facilement l'eau.

D. — Cette propriété de conserver l'eau a-t-elle une grande importance ?

R. — Une terre qui est douée de cette propriété reste toujours plus ou moins humide et devient très-apte à la culture.

D. — Quelles expressions emploie-t-on pour désigner les degrés de propriété qu'a un terrain de conserver l'eau?

R. — On dit de ce terrain qu'il est marécageux, mouillé, humide, frais, sec ou aride.

D. — Quelles sont les terrains qui attirent le plus d'humidité?

R. — Le calcaire et le terreau.

D. — Quel rapport y a-t-il entre la faculté que possèdent les terres d'absorber l'eau et celle de la restituer?

R. — Ce rapport est presque inverse; car plus un terrain attire l'eau facilement et rapidement, plus il est lent à se dessécher.

D. — Comment appelle-t-on les terrains qui ne restituent l'eau qu'avec peine?

R. — On les appelle terrains froids; par opposition, on appelle terrains chauds ceux qui se dessèchent promptement.

D. — Est-il important que certains terrains aient la faculté d'absorber l'oxigène de l'air, et pourquoi?

R. — Cela est de la plus haute importance, car la présence de l'oxigène est une condition essentielle de l'accroissement des plantes et contribue en outre à leur rendre accessibles les substances nutritives qui se trouvent dans le sol.

D. — Quelles sont les terres qui absorbent le plus d'oxigène ?

R. — Le terreau et l'argile en absorbent beaucoup ; le calcaire moins ; et le sable moins encore.

D. — Qu'entend-on par faculté extensive d'une terre ?

R. — C'est la faculté qu'a une terre d'occuper un plus grand espace à l'état mouillé qu'à l'état sec. Cette propriété d'extension acquiert une certaine importance lors des gelées d'hiver : car plus un terrain en est doué, plus il est exposé aux dangers de la gelée.

D. — Quels sont les terrains qui possèdent la propriété d'extension ?

R. — Le terreau, au plus haut degré ; ensuite l'argile, selon qu'elle est plus ou moins pure ; de plus la marne et la chaux ; quant au sable, il en est totalement privé.

D. — Quels sont les terrains qui attirent la chaleur de l'air ?

R. — Tous l'attirent à l'état sec ; c'est le sable qui en prend le moins et le terreau qui en absorbe le plus.

D. — Quelle est l'utilité de cette faculté ?

R. — Non-seulement, elle a pour résultat de réchauffer le sol et de hâter l'accroissement des plantes, mais encore elle permet au sol de retirer de l'air, après le coucher du soleil, l'humidité évaporée.

D. — Qu'entend-on par faculté de conserver la chaleur ?

R. — Celle qu'a un terrain de garder plus ou moins longtemps la chaleur solaire qu'il a attirée. Le sable, principalement le sable calcaire, possède cette faculté. Le terreau l'exerce au degré le plus faible.

D. — Tous les terrains sont-ils échauffés par le soleil, dans un même espace de temps ?

R. — Non ; cela dépend beaucoup de leurs propriétés intrinsèques et extrinsèques.

D. — Quelles sont celles de ces propriétés qui exercent une influence à cet égard ?

R. — C'est : 1° la faculté que possède un terrain de retenir l'eau, une terre humide étant plus lente à s'échauffer qu'une terre sèche, car une grande quantité de chaleur se perd par l'évaporation de l'humidité ; 2° la situation du terrain en plaine ou en pente ; car plus les rayons du soleil tombent perpendiculairement sur une surface, plus grand est l'effet de ces rayons ; 3° la composition du sol, d'où résulte sa couleur : cette couleur constitue la propriété dont il s'agit. Plus cette couleur est foncée, plus l'action de la chaleur du soleil sur le sol est efficace et prompte. Chacun sait, en effet, que la couleur noire absorbe avidement les rayons du soleil, tandis qu'au contraire la couleur blanche les repousse.

En ce qui concerne l'humidité, on sait qu'une terre très-humide reste glacée beaucoup plus longtemps qu'une terre mouillée légèrement. Quant à la couleur, on peint souvent en noir les murs des jardins où l'on élève des treilles et des arbres en espaliers, dans le but de concentrer sur ces plantes une plus grande chaleur. C'est aussi pour la même raison, que l'on couvre souvent le sol des vignes de matières schisteuses.

D. — Doit-on préférer les terrains bien émiettés aux terrains graveleux ou pierreux ?

R. — Il est à désirer souvent qu'un terrain soit bien émietté : le trop grand nombre de pierres dans un champ devient assez ordinairement nuisible, parce que les pierres usent et gâtent les instruments de labour, rendent la culture difficile, empêchent l'égale répartition de la semence, occupent inutilement beaucoup de place, et qu'en outre les insectes séjournent ordinairement dessous.

D. — Les pierres peuvent-elles aussi dans certains cas être de quelque utilité ?

R. — Oui ; car les pierres calcaires, par exemple, augmentent le sol par leur décomposition insensible. En général, les pierres lient les terrains légers par leur poids, retiennent la chaleur et l'humidité, diminuent la cohérence des terres argileuses, consolident les terres en pente et les protègent contre l'entraînement des eaux.

D. — Divise-t-on encore en certaines classes les divers terrains, d'après des qualités caractéristiques autres que celles qui constituent leurs principales parties ?

R. — L'agriculteur les distingue souvent d'après les produits qui y réussissent : ainsi il les divise en terrains à froment, à épautre, à orge, à avoine et seigle, etc.; mais cette division est vague et rarement certaine.

On fait encore, dans la pratique, d'autres divisions de terrains.

Une petite collection géognostique *, ou mieux encore une collection des divers terrains, rendra de grands services pour obtenir des notions claires dans l'étude du sol. Le meilleur moyen pour arranger cette collection, consiste à faire fabriquer par un potier des vases d'argile, carrés ou ronds, vernis à l'intérieur. (Des bocaux en verre, munis de fonds en métal, vaudraient mieux encore ; mais ils sont fragiles et chers). Ces vases doivent être divisés en deux parties, se composant d'un réservoir et d'une base ; le réservoir devra être ajusté sur la base, de manière à ce qu'au moyen d'un bord saillant, son fonds, percé en forme de tamis, ne touche pas le fonds fermé de la base et qu'ainsi il reste un espace suffisant entre ces deux parties. (Fig 22). On met d'abord dans le réservoir une couche de sous-sol, et sur celle-ci une couche de terre végétale. Il faut, pour procéder très-exactement, adapter au vase une échelle divisée en degrés ou en centimètres, au moyen de laquelle on puisse indiquer et voir parfaitement l'épaisseur de la couche végétale. On colle aussi à l'extérieur du vase une étiquette indiquant la situation et le nom du champ où l'on a pris la terre pour l'expérience. On peut, dans ces vases d'argile, soumettre le sol à tous les examens possibles avec l'eau, les acides, la gelée, etc. L'humidité, si le sous-sol la laisse suffisam-

Fig. 22.

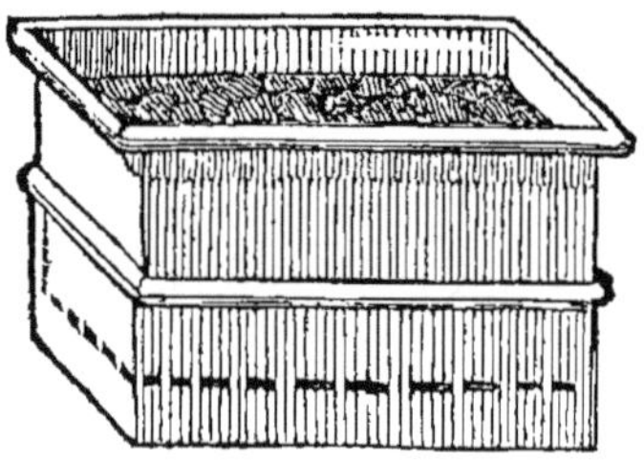

ment passer, tombe dans la base du vase, d'où l'on peut la retirer pour l'employer à de plus amples recherches, telles, par exemple, que l'analyse de parties constituantes solubles.

D. — D'où provient le terreau, nom sous lequel nous examinerons toutes les parties organiques du sol ?

R. — Le terreau est formé par la décomposition de matières animales et végétales qui se convertissent en une masse terreuse acidifère.

D. — Quelle est l'utilité du terreau dans le sol ?

R. — Il fournit aux plantes la nourriture organique qu'elles attirent au moyen de leurs racines.

D. — Faut-il que le sol contienne du terreau pour pouvoir produire des plantes utiles ?

R. — Toutes les expériences qui ont été faites sont pour l'affirmative. Cependant la quantité de terreau jugée nécessaire dépend de la nature des plantes, du terrain même et des saisons.

D. — L'agriculteur peut-il régler cette quantité ?

R. — Oui, car cette quantité de terreau s'amoindrit par une forte culture et par des récoltes fréquentes, obtenues sans engraissement. Ce terreau s'accroit au contraire par une bonne fumure qui rend au sol les substances nutritives végétales que la culture lui a enlevées. Cette quantité de terreau augmente encore par la fréquente culture de végétaux qui tirent plutôt leur nourriture de l'air et du sous-sol que de la couche végétale ; et enfin par le repos que l'on doit toujours accorder au sol ?

Ici se rattache l'explication de la jachère, du changement de fruits, de la culture de l'herbe et, en général, de la succession agronomique des produits. Il ne faut pas perdre de vue qu'il est dangereux, dans la plupart des cas, de s'attacher à obtenir une succession de fruits déterminée. L'agriculteur préférera donc une direction indépendante, afin d'obtenir, à l'aide de ses connaissances, les résultats les plus convenables, à moins qu'il ne soit entravé par des difficultés ou incidents tels que réglements de territoire, bans, etc.

L'instituteur fera bien d'ajouter à la réponse qui précède quelques éclaircissements pratiques ; et en particulier, de fixer l'attention sur les avantages et les défauts des méthodes de culture suivies dans la contrée qu'il habite.

CHAPITRE VI.

PRINCIPES INORGANIQUES ET NUTRITION DES PLANTES.

D. — Quelle action les parties inorganiques du sol exercent-elles sur les plantes ?

R. — Cette action est double : la partie minérale des diverses terres, d'une part, sert à consolider les racines des plantes et à les maintenir dans une direction droite; d'autre part, elle leur fournit une quantité déterminée de substances nécessaires à leur nourriture.

D. — Quelles parties principales des divers terrains servent à la nourriture des plantes ?

R. — La silice et la chaux.

D. — Qu'est-ce que la silice ?

R. — Les chimistes entendent par silice une poudre blanche, granulée *, sans odeur ni saveur, qui forme la base des pierres à feu, du quartz, des cristaux de roche, du sable ordinaire pur et du grès.

On fera bien de montrer à l'élève du cristal de roche, du quartz, de la pierre ponce et du tripoli.

D. — Qu'est-ce que la chaux ?

R. — La chaux pure ou vive est un corps blanc, terreux, que l'on obtient en calcinant des pierres calcaires dans un four; elle est inodore, mais elle a une saveur légèrement caustique; dès qu'on verse de l'eau dessus, elle s'échauffe et s'éteint : c'est-à-dire qu'elle perd, au contact de l'eau, la propriété d'entrer en effervescence.

On fera cette épreuve en approchant de la langue un morceau de chaux vive et en versant de l'eau dessus jusqu'à ce qu'elle se réduise en poussière. La chaux est une des matières les plus répandues sur la terre ; on la trouve comme terre calcaire, pierre calcaire, spath calcaire, dans la craie, le schiste, le gypse, le marbre, le tuf, les écailles des testacés *, les coquillages, la cendre végétale, les os, le salpêtre de muraille et dans plusieurs eaux. (Reportez-vous plus haut au terrain calcaire, et voyez plus bas l'enseignement des engrais).

D. — Les plantes contiennent-elles de la terre argileuse ?

R. — Rarement et par grand hasard.

D. — Qu'est-ce que la terre argileuse ?

R. — C'est une poudre blanche, fine, molle, sans odeur ni saveur, qui ne se fond pas au feu, et qui est insoluble dans l'eau.

La terre calcaire se trouve à l'état le plus pur dans les pierres précieuses telles que le rubis, l'émeraude, la topaze, le saphir et l'améthyste; en outre dans la terre de porcelaine et celle de pipe, et encore dans l'alun *, lorsqu'il est combiné avec l'acide sulfurique.

On peut obtenir pure la terre argileuse par une expérience facile et simple. On mélange dans un grand verre une dissolution de soude purifiée avec une dissolution d'alun; ce mélange devient laiteux et la terre argileuse se précipite sous la forme de poudre blanche que l'on recuille, lave et fait sécher sur une toile de lin.

Il faudra fixer l'attention sur ce qui va suivre :

Le sol contient de la silice, de l'argile et de la chaux.

Les plantes ne contiennent que de la silice et de la chaux.

Les animanx ne contiennent que de la chaux et très-peu de silice dans l'émail des dents, le poil, etc.

D. — Quels sont les autres corps inorganiques dont les plantes s'emparent, et dont leur partie inorganique est composée ?

R. — Ce sont principalement les suivantes : la potasse, la magnésie, l'oxide de fer, l'oxide de manganèse, le chlore, l'acide sulfurique et l'acide phosphorique.

D. — Qu'est-ce que la potasse ?

R. — La potasse est une poudre blanche, inodore, d'une saveur âcre et caustique ; elle absorbe facilement l'humidité et, exposée longtemps à l'air, elle se dissout en un liquide.

On obtient la potasse du commerce qui est une combinaison de l'acide carbonique avec l'oxide de la base * du kalium *, en lessivant la cendre de bois avec de l'eau ; on fait évaporer la lessive obtenue jusqu'à siccité. On donne le nom de saveur alcaline à la saveur particulière de la potasse. (Voyez plus loin acide sulfurique).

On entend par combinaison dans le sens chimique l'union de deux ou plusieurs corps hétérogènes en un tout homogène. On appelle affinité chimique la propriété qu'ont les corps de s'attirer et de se combiner réciproquement.

On procède à une combinaison chimique lorsqu'on prépare avec de l'huile, de la graisse ou de la soude, une nouvelle matière appelée savon, qui n'a aucune ressemblance avec ses parties primitives constituantes. Il en est de même de l'amidon, du ligneux, du sucre, etc., qui sont une combinaison chimique de carbone, d'hydrogène et d'oxigène. On appelle au contraire combinaison mécanique, tout mélange de corps hétérogènes qui, quelque bien fait qu'il soit, ne produit cependant aucune nouvelle matière. Par exemple le sable et la poussière de chaux, bien qu'ils soient pulvérisés ensemble aussi finement que possible, ne perdent cependant pas leurs propriétés caractéristiques, ne forment pas un tout homogène , et ne sont par conséquent que mélangés artificiellement, mais non chimiquement combinés l'un avec l'autre.

D. — Qu'est-ce que la soude ?

R. — La soude, appelée aussi sel sodique ou sous-carbonate de soude, est formée de la combinaison du protoxide de sodium avec l'acide carbonique. La soude du commerce est un corps vitreux, de forme souvent régulière (cristallisé), qui a une saveur alcaline et qui, lorsqu'il est exposé à l'air, devient sec et tombe en poussière, contrairement à la potasse.

La soude est un produit tiré des végétaux maritimes, surtout de la *salsa soda* * et du sel marin. En montrant un cristal de soude ordinaire, on aura l'occasion de donner l'idée du cristal, qui est la combinaison la plus pure de principes inorganiques en un tout d'une forme déterminée et régulière.

D. — Qu'est-ce que la magnésie?

R. — La magnésie ressemble à la chaux , mais elle est moins commune; celle du commerce, appelée aussi magnésie calcinée, est une poudre blanche, insipide, infusible et très-peu soluble dans l'eau ; c'est un produit tiré de l'eau de mer ou du talc.

D. — Qu'est-ce que le fer ?

R. — Le fer est un métal d'un blanc grisâtre, très-dur, très-ductile, magnétique, fusible et très-altérable à l'air. On l'obtient en abondance de différents minerais. Il n'y a pas de métal, dans la nature, qui trouve un emploi aussi varié et aussi fréquent.

On entend par métal tous les corps qui sont malléables*, qui ont un éclat caractéristique et qui, comme le fer, le cuivre, le plomb, l'argent et l'or, pèsent davantage que les matières non métalliques. Le chimiste nomme minerais les métaux combinés avec l'oxigène et les acides; mais, dans le langage ordinaire, on comprend par minerais toutes les espèces de pierres qui renferment des métaux.

D. — Qu'est-ce que l'oxide de fer ?

R. — Si l'on expose à l'air du fer poli, il se couvre peu à peu de rouille; cette rouille se compose de fer métallique et de gaz oxigène que le fer a puisé dans l'air. La combinaison de ces deux substances constitue la rouille ou oxide de fer.

Dès que les métaux se combinent avec l'oxigène, ils forment de nouveaux corps auxquels on donne le nom d'oxides. L'oxide de mercure ou précipité rouge, dont on se sert pour la formation de l'oxigène, peut comme la rouille servir d'exemple: mais il faut qu'auparavant il ait

été décomposé par la chaleur d'une lampe, dans ses parties primitives qui sont : l'oxigène et le mercure métallique.

D. — Qu'entend-on par oxide de manganèse ?

R. — L'oxide de manganèse est un corps assez
semblable à l'oxide de fer, sous la forme de poudre
noire. Le minerai de manganèse se rencontre assez
communément ; cependant on ne le trouve qu'en
très-petite quantité dans le sol et dans les végétaux.

D. — Qu'est-ce que le chlore ?

R. — Le chlore ou gaz chlore est un gaz non
permanent, d'une couleur jaune-verdâtre, d'une
odeur désagréable, suffocante et tout à fait nuisible. L'oxigène ne s'unit pas directement au chlore ;
l'hydrogène s'y combine à l'aide de la lumière
ou de la chaleur ; le phosphore s'y unit très-rapidement. Le chlore attaque si fortement les mem-
branes muqueuses et les poumons que, respiré pur,
il ne tarde pas à occasionner la mort. Une bougie
brûle dans le chlore avec une flamme faible et rougeâtre. Le chlore sert à blanchir et à désinfecter
l'air corrompu par des miasmes*; on le trouve en
grande quantité dans le sel de cuisine.

Le gaz chlore est un corps simple : on l'obtient facilement en versant dans une bouteille ordinaire de l'acide hydrochlorique sur du manganèse, en chauffant le tout

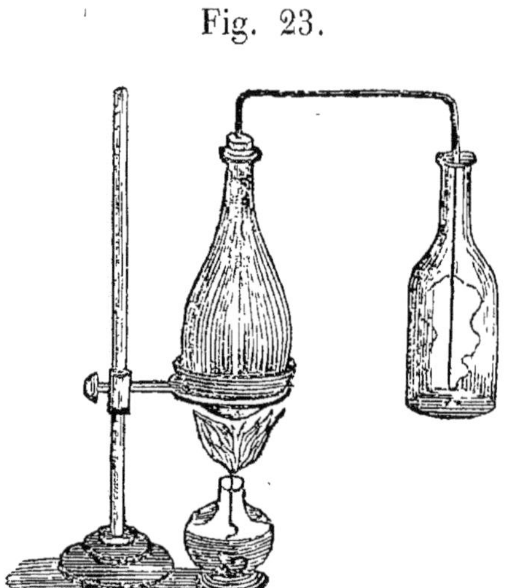

Fig. 23.

modérément, et en recueillant dans un second vase, au moyen d'un tube en verre recourbé, le gaz qui se développe. (Fig. 23.) Comme le chlore est beaucoup plus pesant que l'air ordinaire, il n'est pas nécessaire pour cette expérience de se servir d'eau, car il déplace peu à peu l'air contenu dans le second vase, jusqu'à ce que celui-ci soit rempli. On obtient le chlore encore plus facilement, en chauffant doucement dans une bouteille du sel ordinaire, du manganèse et de l'acide sulfurique (huile de vitriol). L'odeur suffocante du gaz chlore se fait facilement sentir et devient incommode. Si le vase qui le contient est incolore, on peut aussi observer, à la flamme d'une lumière, la couleur particulière et l'effet de ce gaz. Une circonstance bien digne de remarque, c'est que ce gaz délétère forme plus de la moitié du poids du sel ordinaire, lequel est si utile pourtant et si indispensable : 50 kilogrammes de sel renferment 30 kilogrammes de chlore.

D. — Qu'est-ce que l'acide sulfurique ?

R. — L'acide sulfurique ou huile de vitriol, qui est une combinaison de soufre avec l'oxigène, est un liquide très-acide et très-caustique, semblable à de l'huile : lorsqu'on le mêle avec de l'eau, il dégage de la chaleur. On l'obtient en brûlant du soufre ; il se rencontre dans le gypse, l'alun, le sel de Glauber et le sel d'Epsom ou sulfate * de magnésie.

Le soufre est un corps simple que l'on rencontre dans les trois règnes de la nature, et particulièrement dans le règne minéral. Le soufre est d'une couleur jaune-clair, peu dur ; se laisse réduire en poudre et brûle très-facilement d'une flamme bleuâtre, avec une odeur particulière. On appelle aussi l'acide sulfurique huile de vitriol, parce qu'on peut en obtenir avec du sulfate ferreux, et parce qu'il est épais et file comme l'huile. Si l'on mélange de l'eau avec l'acide sulfurique, il en résulte un développement de chaleur. Un brin de paille plongé dans de l'acide sulfurique apparaît bientôt noir et carbonisé. Les expressions *acidité*, *acide* paraîtront plus claires par ce qui va suivre. Bien que les acides se fassent tous reconnaître par leur saveur particulière plus ou moins âcre, il est de règle que tous les acides colorent en rouge les couleurs bleues végétales, telles que le suc de la violette et du choux rouge ou le bleu du commerce, qui provient du tournesol. Les alcalis, au contraire, comme la soude ordinaire, la potasse, le sel volatil de corne de cerf, la chaux vive, rétablissent la couleur bleue qu'un acide avait transformée en rouge.

D. — Qu'est-ce que l'acide phosphorique ?

R. — C'est un corps très-âcre, le plus souvent à l'état liquide ; il est une combinaison du phosphore avec l'oxigène, combinaison produite par la combustion du phosphore dans l'air. On le trouve en grande quantité dans les os des animaux.

Le phosphore est une des matières premières ; il est de couleur jaune-pâle, lumineux dans l'obscurité, très-volatil et facilement fusible. Si l'on expose à l'air un petit morceau de phosphore, on le voit brûler aussitôt en répandant une fumée blanche. Cette fumée est l'acide phosphorique, qu'on peut recueillir en tenant au-dessus du morceau de phosphore une plaque de verre ou de métal froid sur laquelle l'acide se précipite. On obtient l'acide phosphorique par la manière déjà indiquée pour la production de l'azote, (fig. 8) en brûlant du phosphore sous une cloche en verre. Si l'on allume une allumette chimique ordinaire, dont la partie inflammable contient du phosphore, on s'apercevra facilement de l'odeur particulière et de la flamme blanche et éblouissante du phosphore, ainsi que du développement de l'acide, qui se montre en fumée blanche disparaissant rapidement. La trace d'une friction faite avec une allumette chimique brille dans l'obscurité, des points lumineux se font aussi remarquer sur les doigts qui ont touché l'extrémité inflammable de l'allumette. On appelle phosphorescence l'apparition de la lumière qui s'échappe du phosphore. Le bois pourri, les ondes de la mer dégagent une phosphorescence. Un fait bien digne de remarque, c'est que l'on emploie annuellement, dans la seule ville de

Londres, 100,000 kilogrammes de phosphore pour la fabrication des allumettes chimiques. Quelle masse d'acide phosphorique ne produit-on pas en les brûlant, puisque 50 kilogrammes de phosphore forment par leur combustion 114 kilogrammes d'acide phosphorique !

D. — Les plantes peuvent-elles aussi tirer de l'air quelques-unes des matières inorganiques précédemment nommées ?

R. — Non, car l'air n'en contient aucune.

D. — Comment, et dans quel état ces matières inorganiques arrivent-elles aux plantes ?

R. — Au moyen des racines et dans un état de dissolution opérée par l'eau qui se trouve ou s'infiltre dans le sol.

On entend par dissolution la résolution en parties superfines de certains corps dans un liquide qui s'en charge jusqu'à saturation, qui reste clair et rend ces corps à leur état primitif, après l'évaporation des parties liquides. On peut prendre pour exemples l'eau salée et l'eau sucrée.

D. — Tous les terrains renferment-ils l'une ou l'autre des matières inorganiques déjà citées ?

R. — Oui, car les terrains qui en seraient privés ne seraient pas susceptibles de culture.

D. — Pourquoi ?

R. — Parce que les plantes en ont absolument besoin pour leur réussite.

D. — Toutes les plantes exigent-elles la présence de ces matières dans la même proportion ?

R. — Non, quelques végétaux ne contiennent qu'une petite quantité de chacune d'elles. D'autres, au contraire, absorbent en plus grande quantité celles qui leur conviennent.

D. — Toutes ces matières se trouvent-elles dans la partie inorganique des plantes ?

R. — Oui ; on peut prouver leur existence en analysant la cendre de tous les végétaux.

D. — Les végétaux laissent-ils tous la même quantité de cendres lorsqu'on les brûle ?

R. — Non ; 50 kilogr. de foin, par exemple, donnent environ de 4 à 5 kilogr. de cendres, tandis que 50 kilogr. de grains de froment n'en donnent que 1 kilogr.

Le poids des cendres fait ressortir d'une manière remarquable la différence étonnante qui existe dans la quantité de matières inorganiques que contiennent certaines plantes. Ainsi 1,000 kilog. de paille de froment rendent 175 kilog. de cendres ; 1,000 kil. de paille d'avoine donnent 100 kil. de ce même résidu ; 1,000 kilog. de grains de froment n'en rendent que 20 kilog. La même quantité de grains d'avoine, c'est-à-dire 1,000 kilog. rend 45 kilog.; et 1,000 kilog. de bois de chêne, 2 kilog. et demi seulement.

D. — La composition de la cendre des différents végétaux est-elle toujours la même ?

R. — Non ; elle varie selon les espèces de végétaux. La cendre de froment, par exemple, contient plus d'acide phosphorique que celle du foin ; en revanche, la cendre du foin renferme plus de chaux que celle du froment.

La table ci-après indique la quantité et la composition de la cendre qu'on obtient sur 500 kilog. de chacun des végétaux dont les noms suivent :

	PATURIN.	TRÈFLE ROUGE.	TRÈFLE RAMPANT.	LUZERNE.
	kil.	kil.	kil.	kil.
Potasse.	4 405	9 790	15 174	6 608
Soude.	1 958	2 570	2 957	2 957
Chaux.	3 426	13 706	11 505	23 496
Magnésie.	0 489	1 468	1 468	1 715
Oxide de fer. . . .	traces.	traces.	0 245	0 163
Silice.	13 706	1 958	7 542	1 631
Acide sulfurique. . .	1 795	2 203	1 715	1 958
Acide phosphorique.	0 122	3 181	2 447	6 363
Chlore.	traces.	1 715	0 979	1 468
KILOGR. .	25 901	56 589	45 808	46 557

Il faudra, au moyen de cette table, faire remarquer particulièrement la petite quantité de cendres ou de parties inorganiques des plantes, et aussi la composition principale de chacune d'elles. Il sera encore question plus tard et d'une manière plus détaillée des parties constituantes, de la composition et de la quantité de la cendre des plantes.

D. — Les matières inorganiques qui ne se trouvent cependant qu'en si petite quantité dans les plantes sont-elles indispensables à leur réussite?

R. — Oui, elles leur sont aussi nécessaires que l'acide carbonique et l'eau le sont à l'air, dont ces corps ne forment cependant qu'une faible partie.

D. — Supposez qu'un terrain soit totalement privé d'une de ces matières, qu'en résulterait-il?

R. — Que le plus souvent ce terrain ne produirait pas de bonnes récoltes.

D. — Mais si le sol contenait en quantité suffisante toutes les autres substances, qu'en adviendrait-il?

R. — Il arriverait que les plantes, qui n'ont pas absolument besoin pour leur nourriture de la matière absente, réussiraient seules, tandis que celles qui ne peuvent s'en passer, n'auraient, dans un pareil sol, qu'une croissance difficile et chétive.

Ainsi le lin et le tabac réussissent parfaitement dans une terre talqueuse *, au lieu que la garance et le houblon y croissent difficilement; le paturin prospère dans un terrain qui contient peu de chaux, mais il n'en est pas de même de la luzerne; la vigne et le chêne croissent volontiers dans une terre ferrugineuse : ce sol au contraire ne convient nullement au sapin et au bouleau. La table qui précède offre déjà quelques points de comparaison et démontre que la luzerne, par exemple, exige plus d'acide phosphorique que le paturin ; un sol qui contient moins de cet acide, est propre à la culture de l'herbe, mais ne peut convenir à celle de la luzerne.

D. — Mais si un terrain était privé d'un nombre considérable de ces matières inorganiques, qu'en résulterait-il ?

R. — Une stérilité complète, rendant naturellement impossible toute espèce de culture.

D. — Y a-t-il des terrains qui soient de leur nature stériles ou fertiles ?

R. — Oui, et quelquefois d'une grande étendue. Dans les terrains naturellement fertiles, existent toutes les matières dont les plantes ont besoin pour leur nourriture; ces matières, au contraire, manquent totalement dans les terrains stériles.

La table suivante servira à rendre ces notions plus claires.

Composition des terrains de divers degrés de fertilité.

Eléments qui entrent dans la composition des matières inorganiques.	TERRAINS FERTILES		STÉRILES.
	sans ENGRAIS, naturellement.	avec ENGRAIS, artificiellement.	
Terreau.	97	50	40
Silice (mêlé au sable et à la glaise).	648	855	778
Terre argileuse (glaiseuse). . .	57	51	91
Chaux	59	18	4
Magnésie.	8 $\frac{1}{2}$	8	1
Oxide de fer.	61	50	81
Oxide de manganèse.	1	5	$\frac{1}{2}$
Potasse.	2	qqes. traces	qqes. traces
Soude (le plus souvent unis	4	»	»
Chlore (comme sel ordinaire. .	2	»	»
Acide sulfurique.	2	$\frac{5}{4}$	»
Acide phosphorique.	4 $\frac{1}{2}$	1 $\frac{5}{4}$	»
Acide carbonique (combiné avec la chaux et la magnésie). . .	40	4 $\frac{1}{2}$	»
Déchet.	14	»	4 $\frac{1}{2}$
	1000	1000	1000

Le terrain dont la première colonne indique la composition, a produit pendant 60 ans de bonnes récoltes, sans engrais; car il contient une quantité considérable de toutes les substances dont les plantes ont besoin pour leur nourriture. Le terrain, indiqué dans la seconde colonne, n'a donné de bon rapport qu'autant qu'il a été enfumé régulièrement, car il lui manquait quelques matières que l'engrais devait remplacer.

Le terrain figurant à la troisième colonne est tout-à-fait stérile, car il était privé de plusieurs substances qu'un engrais ordinaire ne peut suffisamment remplacer.

Il serait utile, pour les écoles, de transcrire en grosses lettres les tables intercalées dans cet ouvrage et de les suspendre au mur de la salle, afin que l'élève, en les ayant ainsi à chaque instant sous les yeux, pût se familiariser avec les noms et les rapports proportionnels des matières contenues dans les divers terrains.

D. — Nous avons déjà vu que les plantes ne contiennent pas de terre argileuse, l'argile n'est donc pas un partie essentielle du sol ?

R. — Au contraire : la présence de l'argile dans un terrain est de la plus haute importance, et l'on peut même dire qu'elle est indispensable.

D. — De quelle manière la terre argileuse agit-elle sur l'accroissement des végétaux ?

R. — Elle n'agit que d'une manière médiate, parce qu'elle se trouve toujours combinée avec beaucoup de parties salines et alcalines, et aussi parce qu'elle absorbe facilement l'humidité et les espèces d'airs fécondants.

D. — Un terrain qui contient toutes les matières que l'on a citées, peut-il cependant être stérile ?

R. — Oui, s'il renferme l'une de ces matières en trop grande quantité, par exemple : l'oxide de fer qui est très-nuisible à l'accroissement des plantes.

D. — L'économe rural peut-il rendre de pareils terrains susceptibles de culture ?

R. — Quelquefois, au moyen d'un travail habile, de la dépuration, et du labour du sous-sol; ce dernier moyen surtout est très-bon, parce qu'il fait passer l'humidité qui contient beaucoup de matières nuisibles dissoutes dans le sol, à une profondeur telle que ces matières ne peuvent plus avoir sur la pièce de terre d'effets dangereux. Si un terrain manque de certaines parties essentielles à la vie des plantes, par exemple, de silice, d'argile, de chaux, on peut y remédier en y transportant de la terre qui contient ces matières; s'il manque de terreau, de potasse, de soude, on lui vient en aide au moyen de fumier, d'engrais végétal, de cendre, de sel, de farine, d'os. etc.

CHAPITRE VII.

EFFETS DE LA CULTURE SUR LE SOL.

D. — Une terre naturellement fertile peut-elle devenir stérile à la suite de fréquentes récoltes ?

R. — Oui, lorsqu'on y cultive pendant long-temps et successivement la même espèce de fruits. Exemple : Si l'on semait chaque année dans le même champ du froment ou de l'orge, sans donner de repos au sol ou sans le réparer par l'engrais, il arriverait que d'année en année la récolte diminuerait, et qu'on finirait par n'en plus rien tirer.

D. — Quelle est la cause de ce phénomène ?

R. — C'est que les plantes tirent du sol une quantité de parties substantielles qui ne se remplacent que par elles-mêmes, et seulement après une suite d'années; c'est-à-dire, par la force régénératrice de la nature.

C'est seulement après un long espace de temps que l'air en se combinant avec l'oxigène; que l'eau sous la forme de pluie, de rosée, de neige à la suite des inondations; que les mauvaises herbes qui continuent à croître pauvrement; que les vents même, etc., rendent peu à peu à un terrain épuisé les matières qu'il a dépensées. L'économe ne doit jamais laisser perdre ces matières sans les remplacer aussitôt.

D. — Quelles substances le blé tire-t-il du sol ?

R. — Principalement l'acide phosphorique, la magnésie et la chaux.

La table ci-après explique ce qui précède, en indiquant la quantité de chaque substance qui compose la cendre des quatre espèces de blés.

	FROMENT.	SEIGLE.	ORGE.	AVOINE.
Potasse.	24 17	52 76	5 91	12 5
Soude.	10 54	4 45	16 79	1 0
Magnésie.	15 57	10 15	10 05	7 7
Chaux.	5 01	2 92	5 56	5 7
Acide phosphorique. .	45 55	47 29	40 65	14 9
Acide sulfurique. . .	qques traces	1 46	0 26	1 0
Silice.	1 91	0 17	21 99	55 5
Oxide de fer. . . .	0 52	0 82	1 95	1 5
Déchet.	0 95	1 00	0 99	4 8
	100 00	100 00	100 00	100 00

On voit, par cette table, la grande quantité d'acide phosphorique dont les blés ont besoin; il suit de là, et l'on peut facilement s'en rendre compte, qu'un terrain, après des récoltes successives de blé, se trouve tellement épuisé, que la culture du blé y devient plus tard impossible.

D. — De quelle manière l'agriculteur peut-il préserver son terrain de l'épuisement ?

R. — En lui rendant les parties essentielles que les végétaux en ont tirées.

D. — Comment doit-il s'y prendre pour lui rendre, par exemple, l'acide phosphorique ?

R. — En transportant sur ce sol des matières qui le contiennent telles que la paille, le guano, la farine d'os, etc.

D. — Y a-t-il des plantes qui, bien qu'elles aient été semées pendant une longue suite d'années dans le même champ, ne l'épuisent cependant pas ?

R. — Toutes les plantes appauvrissent à la fin le terrain, si on ne lui restitue pas ce qu'elles en ont tiré.

D. — Comment cela s'explique-t-il ?

R. — Chaque plante tire du sol, et dans des proportions différentes, une certaine quantité de substances nutritives que l'on retrouve en elles.

Le trèfle même qui n'enlève assez fréquemment au sol que très-peu de force productive, ne peut être de nouveau cultivé, dans le même champ, qu'après un espace de quatre années au moins ; ce laps de temps est nécessaire pour que le sol retrouve les matières que le trèfle lui a prises.

On appelle incompatibilité l'état existant entre un terrain et des plantes, qui, à cause de leur trop grande absortion, ne peuvent être semées plusieurs années de suite dans un même lieu. Quant à l'épuisement, un champ peut être comparé à une bourse qui se vide naturellement, dès qu'on y puise toujours sans y remettre jamais rien : l'économe rural prend, dans la caisse du sol, de l'argent, sous la forme de récolte en nature, et, s'il ne remet pas d'argent dans cette même caisse, sous la forme d'engrais, cette source doit fatalement tarir.

D. — Toutes les plantes exigent-elles du sol la même force productive ?

R. — Non, quelques-unes n'épuisent le terrain qu'après une longue suite d'années ; elles en augmentent même la production, si on ne les y cultive que peu de temps ; d'autres ne le détériorent que d'une manière insensible ; d'autres enfin le ruinent.

D. — Comment divise-t-on les végétaux qui possèdent ces diverses propriétés ?

R. — En végétaux fortifiants, conservateurs ou débilitants.

On peut faire encore plusieurs subdivisions. Les graminées et les trèfles sont des plantes qui fortifient ; la vesce, le métcil, le bromos* de seigle, la spergule sont des plantes qui conservent. Le blé sarrasin, les plantes légumineuses, le topinambour diminuent la force du sol ; les blés d'hiver et d'été, la rave, la carotte, la pomme-de-terre, la navette, le choux, le lin débilitent. Enfin nous désignerons comme plantes qui épuisent le sol, le pavot, le tabac, le chanvre, le maïs, la garance et le choux pommé.

D. — Lorsqu'on répare de temps en temps les pertes du sol, reste-t-il à son état normal de fertilité ?

R. — Dès qu'on rend au sol, en temps opportun et dans une quantité suffisante, les matières qui lui conviennent, ce sol est toujours fertile.

D. — Combien de matières l'économe rural a-t-il à rendre au sol pour en maintenir la fertilité ?

R. — Autant pour le moins que sa récolte en a dû enlever.

D. — Et pour amender* ce même terrain ?

R. — Il doit lui en rendre davantage qu'il n'en contenait auparavant.

D. — Mais, dans ce cas, que devient le bénéfice ?

R. — Il y a toujours bénéfice, car l'agriculteur

retire plus en produits d'un prix élevé, qu'il ne dépense en engrais qui lui coûtent peu.

D. — Comment l'entendez-vous?

R. — Il peut vendre les fruits récoltés bien plus cher que ne lui coûtent le fumier, l'engrais végétal et en général toutes les autres espèces d'engrais.

Il faudra ici faire ressortir l'avantage des rapports réciproques qui existent entre les engrais et les produits. En conséquence, l'économe rural, qui a sous la main le sol et les plantes, peut transformer en de riches récoltes des matières inutiles et sans valeur, dès qu'il procède avec intelligence et en temps opportun.

D. — Comment appelle-t-on l'équivalent des pertes subies par le sol que l'économe doit réparer?

R. — On l'appelle engrais, et l'usage qui en est fait, engraissement.

CHAPITRE VIII.

ENSEIGNEMENT DES ENGRAIS.

D. — Qu'est-ce qu'on appelle engrais ?

R. — Un engrais est toute matière qui restitue au sol des substances propres à la nourriture des végétaux, lui rend la force productive que lui a prise la culture, ou ajoute des forces nouvelles à celles qu'un terrain possède déjà.

D. — De quels règnes de la nature tire-t-on les engrais ?

R. — Des trois règnes de la nature : du règne animal, du règne végétal et du règne minéral ; c'est pourquoi l'on divise les divers engrais en engrais animaux, végétaux et minéraux.

D. — Emploie-t-on ces divers engrais seuls, ou les combine-t-on en différents mélanges ?

R. — On fait l'une et l'autre chose, suivant les espèces d'engrais et selon que l'emploi en est reconnu plus conforme au but que l'on se propose.

D. — Quelles sont les matières qui constituent l'engrais animal ?

R. — Ce sont ou les excréments des animaux domestiques, ou des résidus comme la chair, le sang, les dépouilles, le poil, les plumes, les restes de tannerie, les cornes et sabots des mammifères*, les os, la laine, etc.

D. — Quels sont ceux de ces résidus que l'on emploie le plus souvent comme engrais dans l'économie rurale ?

R. — Les os réduits pour cet usage en farine dans des moulins.

D. — Quelle est la manière la plus avantageuse d'employer cette farine d'os ?

R. — La farine d'os produit de bons résultats sur un terrain léger et sec; on peut la mélanger avec du fumier et de la cendre de bois, et la répandre pure ou alliée à la semence, au moyen de machines construites à cet effet.

D. — L'engraissement au moyen de la farine d'os est-il toujours avantageux ?

R. — Non ; il vaut mieux alterner et remplacer cet engrais, pour un certain temps, par du fumier.

D. — De quoi les os se composent-ils ?

R. — De gélatine animale (que l'on obtient en faisant bouillir des os dans de l'eau), de phosphate calcaire et du résidu que l'on trouve après la combustion des os.

On fera bien de montrer un peu de gélatine d'os, telle qu'on la trouve dans le commerce. On peut aussi brûler un os à la flamme d'une lumière ; par là, on démontrera que la partie organique (la gélatine) étant consumée, il ne reste que la partie inorganique (le phosphate calcaire). Le poids de celui-ci forme à peu près $2/3$ du poids des os parfaitement secs et $1/2$ du poids des os ordinaires.

D. — L'une et l'autre de ces matières forment-elles de bons engrais ?

R. — Oui ; particulièrement le phosphate calcaire : car tous les végétaux contiennent de l'acide phosphorique et en ont besoin pour leur accroissement.

D. — Doit-on engraisser de vieux pâturages avec de la farine d'os, et pourquoi ?

R. — Oui ; parce que le lait et le fromage contiennent du phosphate calcaire; et, comme ce dernier provient du fourrage, le sol s'en trouve peu à peu dépourvu : il faut donc le remplacer. Ainsi, il ne croit plus guère, dans des terrains qui ont été longtemps pâturés sans avoir été enfumés, que des herbes qui exigent pour leur croissance peu de phosphate calcaire.

25 litres de lait contiennent à peu près 250 grammes de phosphate calcaire; il s'en suit donc qu'une vache qui donne chaque jour, 10 litres de lait tire du sol environ 100 grammes par jour, et par semaine 700 grammes de phosphate calcaire; pour les remplacer, il faut 1 kilogr. et demi d'os secs et 2 kilogr. de farine d'os ordinaire.

D. — Quel effet produit donc l'engraissement avec des os ?

R. — Il rend au sol l'acide phosphorique qui lui a été enlevé; favorise l'accroissement de l'herbe qui en a besoin pour se développer avec abondance, et fait que la vache, qui en est nourrie, donne plus de lait et de fromage.

On dissout aussi quelquefois de la farine d'os dans de l'acide sulfurique, en quantités égales, eu égard à leurs poids respectifs; l'acide doit être étendu avec trois fois autant d'eau que son volume, et versé sur la farine d'os. Cette dissolution peut être employée comme engrais, pure ou mélangée avec de la poussière de charbon ou avec de la cendre de tourbe. Par ce procédé, les matières engraissantes osseuses sont très-divisées et rendues accessibles aux plantes ; c'est pourquoi une faible quantité de cette dissolution peut déterminer des résultats très-productifs. En Angleterre, on donne une bien plus grande importance à l'engraissement au moyen de la farine d'os, qu'on ne le fait en France et en Allemagne. Il est probable que les économes de nos pays n'ont pas suffisamment expérimenté cet engrais ; autrement ils ne pourraient voir d'un œil indifférent, exporter, chaque année, en Angleterre, de grands chargements de cette précieuse matière et enlever ainsi à leur patrie une masse considérable de substances si utiles à la prospérité des végétaux. On donne toujours la préférence aux os frais ; quelquefois on ajoute aussi de la chaux, de la cendre et d'autres matières analogues à la farine d'os, qui fournit un résultat prompt mais de courte durée. L'effet de la farine grossière, est lent, mais plus durable. (La consistance d'un engrais se base sur la durée proportionnelle de ses effets sur un sol). Il faut de 200 à 300 kilogr. de farine d'os pour engraisser une pièce de terre de 35 ares environ. Le prix de 50 kilogrammes varie de 8 à 10 francs. On la répand, à grands jets, soit avant les semailles, soit sur la semence déjà levée. Quand on l'emploie pour des semences disposées par rangs, on la sème sur les rangs.

D. — Quels sont les restes d'animaux qui ont une valeur particulière ?

R. — La chair, le sang, les cornes et la laine en chiffons.

6

D. — Quel en est l'emploi plus avantageux ?

R. — On enfouit la chair au pied des arbres fruitiers, ou bien on la mêle avec de la chaux vive et de la terre, pour la convertir en un engrais dit mélangé ; on dépose les rognures de cornes au pied de quelques plantes, par exemple la pomme-de-terre, en évitant toutefois le contact immédiat de l'engrais avec ce tubercule ; ou bien encore on les jette dans les réservoirs à purin. On fait de même à l'égard des chiffons de laine, qui conviennent parfaitement à la vigne et au houblon. Quant aux poissons putréfiés (ceci concerne seulement les contrées maritimes), aux restes des boucheries et des tanneries, tels que le poil, le sang, les morceaux de cuir, etc., que l'on ne peut guère employer en grande quantité, il vaut mieux les entasser dans de la chaux, et les y laisser se décomposer. L'eau dans laquelle on a lavé des moutons, renferme aussi des parties grasses animales, qui sont très-utiles aux prés.

D. — Quels sont les excréments d'animaux que l'on emploie comme engrais purs et non mélangés ?

R. — Le fumier de mouton, la fiente de volaille et l'urine des animaux.

D. — Comment se pratique l'engraissement avec le fumier pur de mouton ?

R. — Par le parcage. On entend par parcage, le séjour pendant la nuit d'un troupeau de moutons sur un champ enclos d'une haie mobile.

D. — Le parcage est-il utile, et pour quelles raisons ?

R. — Il est d'une utilité particulière, parce que l'engrais qui en résulte dégage moins de vapeurs que lorsqu'il est conservé en tas de fumier. En effet, l'urine de ces animaux pénètre à l'instant dans le sol, auquel les exhalaisons qui émanent du troupeau sont favorables.

D. — L'engraissement par le parcage a-t-il des résultats durables ?

R. — Leur durée est de deux ans.

D. — Comment peut-on assurer l'effet de l'engrais provenant du parcage ?

R. — Par un labour superficiel.

D. — Quels sont les végétaux qui réussissent ou ne réussissent pas sur les champs engraissés par le parcage ?

R. — Les plantes oléagineuses, le chanvre, le tabac y croissent parfaitement ; les blés, moins bien ; et les plantes légumineuses, très-mal. L'engrais par le parcage a le désavantage de produire, à l'égard des blés, une trop grande quantité de gluten et trop peu de fécule.

On compte de 3 à 4 mètres carrés pour le parcage d'une brebis.

L'engraissement par le parcage est simple, double ou triple, suivant que le troupeau passe une, deux ou trois nuits au même endroit. Le parcage a en outre ceci de bon, qu'il épargne le transport du fumier ; mais d'un autre côté, il peut, par le mauvais temps, devenir nuisible aux brebis portières.

Il faut encore mettre au rang des engrais purement animaux les excréments du bétail de parcage, par exemple ceux de la vache et du bœuf ; mais il faut avoir soin de les étendre presque immédiatement ; autrement ils brûlent l'herbe et rendent nues certaines parties du terrain.

D. — Peut-on considérer la fiente de volaille comme un excellent engrais ?

R. — Oui, principalement la fiente des poules et des pigeons que l'on fait sécher et qu'on éparpille, comme de la poussière, sur les champs ensemencés. Il n'y a pas longtemps que l'on amène en Europe, de l'Amérique et de l'Afrique, la fiente des oiseaux de mer, qui est considérée comme un excellent engrais, connu sous le nom de guano.

Le guano se trouve en couches de 10 à 12 mètres d'é-
paisseur sur les côtes du Pérou et du Chilli, dans l'Amérique méridionale et dans quelques îles au sud de l'Afrique.
On en fait des chargements considérables, et il forme maintenant un article important du commerce ; son odeur forte
et piquante indique qu'il contient de puissantes matières
d'engrais ; malheureusement il est souvent mélangé avec
du sable, de la cendre de tourbe et d'autres substances
qui lui ôtent toute sa valeur.

D. — Pour quels produits a-t-on déjà employé
l'engrais appelé guano ?

R. — On l'a employé avec beaucoup de succès
pour fumer les jeunes blés et les fruits de jachère,
en remplacement d'une demi-fumure ou d'une fumure entière. Le guano convient encore aux plantes
à racines tuberculeuses et bulbeuses telles que la
pomme-de-terre, l'ognon et en général tous les
végétaux qui exigent des soins et une seconde culture, pendant la période de leur accroissement.

D. — Faut-il mettre le guano en contact avec la
semence ?

R. — Non, il faut au contraire le retourner et
le mélanger si bien avec la terre qu'il ne puisse
toucher la semence, car il exerce sur elle un effet
âcre et caustique *.

D. — Vaut-il mieux employer le guano seul que de le mêler, par moitié, avec du fumier ?

R. — Il est plus rationnel, en bonne économie rurale, et surtout pour les fruits qui exigent une seconde culture de la mêler au fumier. Cela tient à ce que le guano, employé seul, ne fournit pas au terrain la quantité suffisante de matières organiques dont il a besoin pour rester dans un état de bon rapport.

D. — De quelle quantité de guano a-t-on besoin pour une pièce de terre d'environ 35 ares ?

R. — Pour enfumer les blés levés, il en faut à peu près à un terrain de cette contenance 75 kilog.; et pour les fruits de jachère de 100 à 130 kilog. que l'on mélange par moitié avec du fumier.

Nous citerons encore deux espèces d'engrais dont on fait un grand usage en France et en Belgique ; ce sont : l'urate et la poudrette. L'urate se compose de l'urine animale mêlée avec du gypse ; la poudrette se prépare avec des excréments humains, du gypse et de la cendre. Ces deux mélanges agissent efficacement.

D. — Emploie-t-on isolément l'urine des animaux comme engrais ?

R. — Oui, cet engrais liquide, appelé vulgairement *purin*, même employé seul, est de la plus haute importance pour l'économe rural.

D. — Doit-on soumettre le purin à une préparation particulière ?

R. — Il suffit de faire subir à l'urine une fermentation.

D. — De quelle manière recueille-t-on et conserve-t-on le purin ?

R. — On construit un réservoir auquel on fait aboutir les rigoles des écuries.

Il est à propos de diviser le réservoir par une cloison en deux parties égales, dont l'une doit être assez spacieuse pour contenir l'urine des animaux de un à deux mois. Lorsqu'une moitié du réservoir est pleine, on fait écouler l'urine dans la partie du réservoir qui est vide ; pendant le temps que celle-ci met à se remplir, le purin contenu dans la partie déjà remplie, a pu fermenter suffisamment pour être répandu sans danger sur le terrain.

D. — Dites-nous quel est l'usage de cet engrais liquide ?

R. — On s'en sert pour arroser de temps en temps, au moyen d'une pompe, les tas de fumier et les engrais composés de divers mélanges, dans le but d'en augmenter la bonté et la force ; on arrose aussi de purin les prés, les champs de trèfle et d'autres jeunes semences.

A cet effet, on se sert d'un tonneau confectionné exprès, que l'on pose sur un train de chariot, dont les roues doivent avoir des jantes et des bandes très-larges, afin qu'elles ne coupent pas le sol. On doit faire en sorte que le purin qui sort du tonneau ne tombe pas immédiatement, mais jaillisse en décrivant un arc très-large. Au printemps et en automne, il est souvent très-utile de ne pas employer le purin seul, mais de le faire fermenter, mélangé d'une ou deux parties d'eau. Non-seulement le purin produit d'excellents résultats sur les prés et les champs à fourrage, mais encore on l'emploie avec succès pour les choux, le lin, le chanvre et les céréales faibles. Il convient mieux aux terrains légers qu'aux terrains compactes, mais la durée de son effet est moindre que celle du fumier. Il est très-rare qu'on le retourne avec la charrue ; quand on le fait, le labour doit être superficiel.

D. — Qu'entend-on par fumier d'écurie ?

R. — Ce sont les excréments des animaux mêlés à une matière végétale quelconque, rarement terreuse, qui reçoit ces excréments et s'en charge ?

D. — Parlons maintenant des matières végétales ; peut-on aussi s'en servir comme engrais ?

R. — Oui, les matières végétales contribuent

par leur putréfaction dans le sol, à le rendre plus susceptible de rapport.

D. — Y a-t-il des matières végétales qu'on puisse employer seules comme engrais, sans y ajouter des excréments d'animaux ?

R. — Oui, et en très-grand nombre.

D. — L'économe retire-t-il toutes ces substances végétales de l'exploitation même de sa culture ?

R. — Non ; les restes de la consommation de son ménage, le commerce et ses relations extérieures lui en fournissent la plus grande partie.

D. — Quels sont les principaux engrais végétaux que l'économe produit par la culture ?

R. — Différentes herbes, telles que le gazon, le trèfle, la morelle, la tige de pomme-de-terre, la paille, etc.

D. — Qu'entend-on par engraissement végétal ?

R. — Ce sont des herbes ou plantes que l'on sème dans le but d'augmenter la force productive du sol, et que l'on retourne ensuite sous terre, dès qu'elles ont atteint leur meilleur accroissement.

D. — Quand ce labour doit-il avoir lieu ?

R. — Ordinairement au commencement de la

floraison de ces herbes et plantes, et toujours avant la formation de la semence.

D. — Pourquoi ce labour doit-il avoir lieu avant la formation de la semence?

R. — Parce que celle-ci enlève au sol la plus grande partie de sa force productive, et aussi parce que des semences mûres, mises sous terre par le labour, germent et forment de mauvaises herbes qui deviennent très-nuisibles aux récoltes.

D. — Quelles sont les plantes que l'on cultive surtout comme engrais végétal ?

R. — Celles qui ont des feuilles larges et grasses, qui croissent rapidement et dont la semence coûte peu, telles que le lupin*, les pois, la vesce, le blé sarrasin, la spergule et la navette.

D. — Quelle est le terrain le plus propre à l'engrais végétal ?

R. — Celui qui contient peu de principes végétatifs; cependant une terre trop mauvaise ne produirait, au moyen de ce seul engrais, que des plantes chétives. Il faut donc, pour cette culture, un terrain d'une force productive moyenne.

D. — Comment emploie-t-on l'engrais végétal ?

R. — On retourne les plantes sous terre avec la

charrue, après les avoir fauchées ou aplaties avec un rouleau ; on aura soin de ne pas labourer profondément, afin que les racines des nouvelles semences puissent parvenir jusqu'aux matières végétales destinées à pourrir.

Pour obtenir beaucoup d'engrais végétal, il faut semer très-serré. Cet engrais ne rend jamais le terrain aussi productif que le fumier ; il ne peut donc être considéré que comme un auxiliaire et un soutien, en attendant mieux. Il est rare que son effet soit sensible la seconde année. Le labour des pelouses, des champs de trèfle repoussé, l'enfouissement dans la terre des tiges de pommes-de-terre, du maïs, de trognons de choux, du tabac, des herbes, des feuilles, des racines, etc., produisent aussi un excellent engrais végétal.

D. — Sous quelle forme emploie-t-on la paille comme engrais ?

R. — 1° Sous la forme de rebuts ou restes de la nourriture du bétail ; et 2° comme matière absorbante.

D. — Quelles sont les substances d'engrais végétal que l'agriculteur retire des restes de la consommation de son ménage, ou d'une industrie accessoire ?

R. — La cendre de bois, les restes de lessive, la

cendre des fabriques de savon, de tourbe, de houille, la suie, la poussière de charbon, la sciure, les pains de navette et de colza, l'eau de savonage et celle des égoûts, etc.

D. — La cendre de bois est-elle un bon engrais, et pourquoi ?

R. — C'est un excellent engrais, parce qu'elle rend au sol la potasse qui lui a été enlevée et dont elle est composée en grande partie ; et aussi parce qu'elle détruit les acides et les mauvaises herbes qui croissent en abondance, quand ces acides existent en quantité dans la terre.

D. — Comment emploie-t-on la cendre ?

R. — On la sème sur les champs ensemencés seule ou mélangée avec de la chaux nouvellement cuite.

D. — Quelles sont les plantes auxquelles la cendre convient le mieux ?

R. — Les graminées, le trèfle, le lin, les blés et les pommes-de-terre.

On doit conserver la cendre de bois dans un endroit toujours sec. Il en faut de 12 à 15 doubles décalitres par pièce de terre de 35 ares. La cendre de savonnerie, qui contient de la chaux, est également d'une grande valeur.

La cendre de tourbe est nuisible lorsqu'elle contient du sulfate ferreux, ce qui arrive souvent ; elle produit au contraire un bon effet, particulièrement sur un terrain compacte, quand elle est mélangée avec du gypse. La cendre de houille contribue aussi à rendre un sol moins compacte et moins cohérent. La cendre de charbon de terre est employée avec avantage sur les prés et les champs de trèfle.

D. — Qu'est-ce que la suie ?

R. — C'est une matière noire que produit la fumée des combustibles ; elle contient principalement des charbons, des résines, de la potasse et des sels.

D. — La suie est-elle un bon engrais ?

R. — Oui, la suie est un des engrais les plus puissants ; elle convient à toute espèce de terrain, favorise surtout l'accroissement des grains faibles et détruit la mousse des prés. Il en faut de 12 à 15 doubles décalitres par pièce de terre de 35 ares.

D. — Peut-on aussi se servir de poussière de charbon comme engrais ?

R. — Oui, la poussière de charbon agit particulièrement sur un terrain froid et compacte, tant par sa couleur noire, qui attire la chaleur, que par la faculté qu'elle a d'absorber les gaz fécondants.

D. — Qu'entend-on par tourteaux ou pains de lin, de navette, etc. ?

R. — Ce sont les résidus de semences oléagineuses, tels que ceux de graine de lin, de navette, de colza, etc. Ces résidus prennent la forme de gâteaux, dans les étendelles *, après qu'on a extrait, au moyen des étampes ou pressoirs, l'huile que ces graines contiennent.

D. — De quelle manière se sert-on des tourteaux comme engrais ?

R. — On les réduit en une farine que l'on répand sur les champs avant ou après les semailles ; ensuite on fait passer la herse par-dessus. On mélange souvent aussi six parties de farine de tourteaux avec une partie de chaux vive ou avec du purin.

D. — Quelles sont les plantes dont l'engrais de tourteau favorise le plus l'accroissement ?

R. — La navette, le lin, le colza, la rave, le froment, l'orge, le seigle et la pomme-de-terre.

D. — L'engraissement par les tourteaux est-il à recommander partout ?

R. — Non ; on ne peut en faire usage que dans des endroits très-bien cultivés et très-féconds en fourrages ?

D. — Pourquoi ?

R. — Parce que le tourteau fournit aussi une nourriture excellente pour engraisser le bétail. L'économe agit donc d'une manière bien plus rationnelle, en destinant cet engrais à la nourriture des bestiaux.

L'engraissement des champs par le tourteau est principalement en usage en Belgique et en Angleterre. Son effet n'est pas durable. Afin que la farine de tourteaux agisse bien sur le sol, il faut que celui-ci soit convenablement humide, de manière que cette farine se décompose très-rapidement ; mise en contact immédiat avec la semence, elle est nuisible et exerce une action caustique.

La sciure, seule et sans autre mélange, fournit un pauvre engrais, à cause qu'elle est très-lente à pourrir ; elle donne un bien meilleur résultat, lorsqu'elle est réduite en poussière de charbon. Il vaut mieux se servir du malt * des brasseries comme nourriture du bétail que comme engrais. Les autres substances engraissantes dont on fait encore usage, sont : le tan * pour les prés, la drèche * pour les pommes-de-terre et pour le maïs, les lavures de cuisine, de rafinerie, de distillation, les restes que l'on obtient de certaines fabrications, etc.

D. — Quels sont les principaux engrais végétaux que l'agriculture retire en dehors de sa propre économie ?

R. — Les débris qui gisent dans les forêts, tels que le feuillage des divers arbres, les ramilles*, les émondes*, le genêt, la mousse, la bruyère, la fougère, le limon, la tourbe, le charbon de terre, etc.

D. — Comment emploie-t-on ces débris de forêts dont nous avons parlé ?

R. — Presque généralement comme moyens absorbants et propres à se charger des excréments animaux. Il en est de même de la bruyère, du jonc et de la fougère.

Dans le Hanôvre, le duché d'Oldenbourg et en Westphalie, où la plupart des plaines sont couvertes de petites bruyères mêlées au gazon, on écobue ce dernier et on l'emploie comme engrais, après l'avoir bien mélangé avec du fumier.

D. — Le limon, la tourbe et le charbon de terre sont-ils des substances végétales ?

R. — Pas tout-à-fait ; cependant ils se composent, dans leur presque totalité, de parties organiques.

D. — Comment fait-on usage du limon ?

R. — On le répand sur les champs ou les prés, ensuite on fait passer dessus la herse, afin de bien l'étendre. Le limon produit de très-bons résultats , mais son voiturage occasionne de grands frais.

D. — De quelle manière emploie-t-on la tourbe comme engrais ?

R. — On mélange la tourbe avec du purin, des excréments d'animaux, de la chaux vive et de la marne.

D. — Quels effets produit la tourbe ?

R. — D'excellents effets , lorsqu'elle est dégagée de tout acide ; car elle augmente la couche végétale et détruit les mauvaises herbes. Le charbon de terre a la même propriété.

D. — Maintenant que nous avons à peu près examiné les plus importants engrais végétaux, revenons au fumier. Il se compose, comme on sait , d'un mélange d'excréments animaux et de matières végétales ; quelles sont, par conséquent, les matières végétales dont on se sert le plus ordinairement ?

R. — On se sert de paille et de feuilles.

D. — Emploie-t-on aussi des substances minérales comme moyen propre à absorber les excréments ?

R. — Oui ; et, par exemple, la terre et le sable.

D. — Qu'y a-t-il à considérer relativement à l'efficacité des matières absorbantes dont se compose la litière ?

R. — Il faut s'occuper de deux choses : de leur qualité et de leur quantité.

D. — Quelle qualité doit avoir la paille de litière ?

R. — Elle doit être molle, fraîche, exempte de moisissure ; dans un état très-sain, afin que le tuyau des brins s'imbibe facilement de l'urine animale, se charge des excréments et fournisse au bétail une bonne litière.

D. — Que doit-on observer relativement à la quantité de paille nécessaire à la litière ?

R. — Moins on en met sous les animaux, plus le fumier est bon ; une plus grande quantité de paille au contraire lui ôterait de sa force et le rendrait presque impuissant.

La quantité de paille à employer dépend beaucoup du fourrage : plus le fourrage contient d'humidité, plus la litière doit être forte : ainsi 3 kilog. de paille, pendant l'hiver, suffiront à une vache nourrie avec du foin ou autre fourrage sec ; tandis qu'en été, étant nourrie avec de l'herbe, il lui en faudra de 5 à 6 kilog. par jour. Si les animaux circulent librement dans l'écurie, comme par exemple le jeune bétail, les poulains, les moutons, il est nécessaire de préparer une plus forte litière, à cause d'un plus grand broiement et de l'éparpillement des excréments.

D. — Qu'entend-on par litière de feuilles et autres matières ramassées dans les forêts ?

R. — Ce sont les feuilles, les ramilles, la mousse, la fougère que l'on recueille dans les forêts, après avoir amoncelé tous ces débris avec le rateau.

D. — Porte-t-on dommage à une forêt, en ramassant ses débris ?

R. — Oui, car on lui enlève une certaine quantité d'engrais ; cependant, si on n'y promène le rateau que tous les six ans et avec ménagement, le dommage causé à la forêt est de minime importance, comparé au profit que l'on retire de cette sorte d'engrais.

D. — La litière de feuilles et de débris est-elle aussi bonne que celle de paille ?

R. — Non ; car les feuilles des divers arbres n'absorbent pas aussi facilement les excréments et se décomposent plus lentement dans le sol. Toutefois la litière de feuilles, dans les contrées pauvres, doit être considérée comme un auxiliaire essentiel au succès de la culture.

Le meilleur feuillage est celui de l'érable et des arbres fruitiers; le moins bon est celui du chêne. Les feuilles du sapin et du pin se décomposent très-lentement. En général, il faut deux voitures de feuilles pour remplacer une voiture de paille. Si l'on veut compter plus exactement, en admettant une quantité de 50 kilogrammes de paille, on trouvera que son efficacité, comparée à celle de la mousse, des feuilles de sapin et du feuillage ordinaire, donne les rapports suivants : mousse 50 kilog., paille 25 kilog.; feuilles de sapin 37 kilog. 1/2, paille 25 kilog.; feuillage 18 kilog., paille 12 kilog. 1/2. Dans différents endroits, on se sert encore, pour la litière, de sciure, de cendres et d'autres matières semblables.

D. — Quelles sont les matières terreuses dont on fait usage pour les litières ?

R. — Le sable, la tourbe, le charbon de terre ?

D. — Que peut-on dire en faveur de la litière terreuse ?

R. — Elle absorbe très-bien la partie liquide du fumier : par cette absorption elle contribue à la propreté des écuries, et augmente la quantité des engrais.

D. — Quels sont les désavantages qu'on peut lui reprocher ?

R. — La litière terreuse ne convient pas à chaque terrain ; celle où il entre du sable, par exemple, ne va pas aux terrains sablonneux ; le fumier provenant de la litière terreuse est plus difficile à charger que le fumier de paille, les frais du voiturage de cette terre sont souvent considérables, et l'on rencontre rarement la terre qui lui convient.

D. — A quelle espèce d'animaux la litière terreuse est-elle le plus favorable?

R. — Aux moutons.

D. — Quels sont les engrais animaux que l'agriculteur mélange à la litière pour augmenter la force productive de ses champs ?

R. — Les vidanges ou excréments humains, le fumier de cheval, de bœuf, de mouton et de porc.

D. — Quels sont les meilleurs de ces engrais?

R. — Les excréments de l'homme, car ils se forment d'un mélange d'aliments animaux et végétaux décomposés, qui améliorent et fortifient considérablement le sol.

D. — Les vidanges agissent-elles puissamment ?

R. — Oui, elles agissent même avec une telle puissance, qu'on les emploie rarement seules. On les mélange d'ordinaire avec d'autres engrais ou avec de la terre. Ces excréments sont classés parmi les engrais chauds.

D. — Qu'entend-on par engrais chauds ?

R. — L'engrais chaud est celui qui ne contient qu'une petite quantité d'urine et d'humidité, qui entre facilement en fermentation et dégage rapidement toute sa chaleur.

D. — Nommez-nous les engrais chauds et les engrais froids ?

R. — Les engrais chauds sont : la fiente de volaille, les excréments humains, le fumier de cheval et de mouton. Les engrais froids sont : le fumier des bêtes à cornes et celui des cochons.

D. — Sur quelles terres le fumier de cheval agit-il le plus puissamment ?

R. — Sur un terrain froid, humide, compacte et argileux, qu'il ameublit et prépare très-bien pour la sémination.

La chaleur du fumier de cheval est en proportion de la quantité de grains que l'on a donnée pour la nourriture de cet animal.

D. — Le fumier de mouton se distingue-t-il de l'engrais de parcage ?

R. — Oui, le premier est mêlé avec de la litière et a subi une fermentation pendant l'hivernage ; le second ne peut fermenter, puisque la terre s'en empare immédiatement.

D. — Quelle est l'efficacité du fumier de mouton ?

R. — Il agit très-promptement et avec beaucoup de puissance ; il convient surtout à une terre forte, aux plantes oléagineuses et au tabac.

D. — Le fumier des bêtes à cornes est-il d'une grande valeur ?

R. — Oui, très-grande ; car, bien qu'il soit froid et un peu aqueux, il rend cependant les terres fertiles. Comme il fermente lentement, son action n'est pas immédiate, mais elle est durable. Il convient à toutes les espèces de terrains, particulièrement aux terrains chauds ; et favorise indifféremment l'accroissement de tous les végétaux.

D. — Le fumier de porc est-il de quelque valeur ?

R. — C'est le plus aqueux et le plus froid de tous ; et comme il contient souvent des semences non digérées de mauvaises herbes, on ne doit guère l'employer que pour les prés. On le mêle souvent avec du fumier de cheval pour équilibrer les qualités opposées de ces deux engrais.

D'anciennes expériences établissent le chiffre du produit des grains, selon l'emploi des diverses espèces d'engrais animaux comme il suit : avec les excréments humains, les grains ont rapporté 14 fois l'équivalent de la semence ; avec le fumier de mouton et de chèvre, 12 fois cet équivalent ; avec le fumier de cheval, 10 fois ; avec la fiente de pigeons, 9 fois ; avec le fumier des bêtes à cornes, 7 fois ; et avec celui de porcs, 5 fois.

D. — Qu'y a-t-il à observer relativement à l'efficacité des excréments animaux ?

R. — Pour se rendre compte de l'efficacité des excréments, il faut connaître l'espèce d'animaux dont ils proviennent, la qualité et la quantité de leur nourriture.

D. — Quelle influence l'espèce des animaux peut-elle exercer sur les engrais qu'ils produisent ?

R. — Elle détermine la force, la sécheresse ou l'humidité de leurs excréments et la décomposition plus ou moins parfaite qu'ils ont subie par la digestion.

D. — Quelles observations sont à faire sur la quantité et la qualité du fourrage ?

R. — Plus la nourriture d'un animal est bonne et copieuse, plus le fumier qu'il donne est gras et doit amener de bons résultats. Ainsi un animal nourri avec une grande quantité de mauvais fourrage, livrera un fumier moins bon que s'il avait une nourriture moins copieuse, mais plus substantielle *; c'est pourquoi le bétail que l'on engraisse fournit le meilleur fumier.

D. — Dans quelles circonstances emploie-t-on de préférence le fumier d'écurie ?

R. — Cela dépend beaucoup de la nature du terrain.

D. — Supposez que ce fumier soit destiné à une terre légère, pour y faire croître des plantes à fourrage, comment l'appliquerez-vous ?

R. — Il faut, pour ce cas, que le fumier ait passé par une fermentation si parfaite, que la paille et les excréments ne forment presque plus qu'une masse homogène.

Expliquons ici ce que l'on entend par fermentation, expression qui a déjà été employée plusieurs fois. On entend par fermentation, la décomposition spontanée des corps organiques par l'action de l'eau et d'une chaleur d'au moins 12 à 15 degrés. De là résulte la décomposition de ces corps hétérogènes. On distingue trois sortes de fermentations : la fermentation spiritueuse, la fermentation acide et la fermentation putride. (Exemples : la fermentation du vin, celle du vinaigre et celle du fumier.)

D. — Quelle doit être la qualité du fumier dont on voudrait se servir pour favoriser l'accroissement du blé dans un terrain compacte et froid ?

R. — Dans le cas posé, le fumier de paille, non fermenté, est préférable, car il a, dans un pareil sol, la propriété d'ameublir et d'échauffer le terrain.

Ces règles ne se laissent pas restreindre dans des limites bien déterminées : car la grande variété des espèces de terrains prescrit souvent certains changements que l'expérience seule peut apprendre. Les courtes notions qui suivent sur le traitement et l'emploi du fumier d'écurie nous paraissent devoir suffire. Plus la litière a été composée de matières dures et ligneuses, plus le fumier doit rester longtemps en tas. Le lieu où l'on conserve le fumier s'appelle fosse à fumier : il y en a de différentes sortes qui portent, suivant leur forme et leur situation, les dénominations de fosse allemande, suisse, anglaise, de Brabant, etc. Pour préparer de bon fumier, il faut l'étendre en couches planes et bien égales, sur l'emplacement qui lui est destiné ; le presser et l'arroser avec du purin, afin qu'il se mélange bien et que ses parties grasses, subtiles et aériformes soient préservées de la volatilisation. En été, s'il doit être employé comme engrais qui a fermenté, le fumier a besoin de 8 à 10 semaines et en hiver de 15 à 20, pour parvenir à une maturité suffisante. S'il s'agit d'un terrain froid, il est avantageux de conduire le fumier directement de l'écurie sur les champs, qui profitent ainsi de la chaleur résultant de la fermentation. Il est certain que cette dernière manière d'employer le fumier donne lieu à la plus petite perte de gaz; mais il est souvent impossible de le conduire immédiatement sur le terrain à fumer. Quand cette translation immédiate peut avoir lieu, on étend le fumier sur le champ, après l'avoir laissé quelque temps en tas ou fumetraux. Nous recommandons, surtout en hiver, pour les prés, l'application de cette première méthode. Les gros tas de fumier sont préférables aux petits, parce que la décomposition s'y opère plus rapidement. On fume la jachère et les champs à fourrage dans l'espace compris entre les semailles du printemps et la moisson. Dans un pays où l'on peut agir à sa guise et où l'on peut changer à volonté les fruits, on transporte les engrais après la récolte des premiers fruits. Les blés ne doivent pas recevoir trop d'engrais ; il n'en est pas de même des plantes tuberculeuses qui n'en ont jamais trop. N'employer que 5,000 kilogrammes de fumier par pièce de terre de 35 ares, c'est fumer faiblement; la quantité exigée pour une bonne fumure est de 8,000 kilogrammes ; l'on engraisse fortement et abondamment un champ avec 10,000 kilogrammes. Une voiture chargée de fumier et attelée de deux chevaux, pèse de 700 à 1,000 kilogrammes. 33 centimètres cubes de fumier de paille pèsent environ 22 kilogrammes, tandis que 33 centimètres cubes de fumier gras, bien décomposé, pèsent de 25 à 30 kilog.

D. — Quelle différence y a-t-il entre la fiente des animaux et le fourrage qu'on leur donne ?

R. — La fiente contient plus d'azote et moins de carbone que le fourrage.

D. — D'où provient la perte du carbone ?

R. — C'est que les animaux exhalent de leurs poumons, par la respiration, une quantité considérable de carbone, contenue dans le fourrage.

D. — Sous quelle forme ce carbone s'exhale-t-il ?

R. — Sous la forme de gaz carbonique.

D. — Combien de gaz carbonique un animal exhale-t-il chaque jour par les poumons ?

R. — Un homme adulte en exhale chaque jour environ 250 grammes ; une vache ou un cheval 10 à 12 fois autant.

D. — Tout l'azote contenu dans le fourrage passe-t-il dans la fiente ou l'urine des animaux ?

R. — Il y passe en très-grande quantité mais pas entièrement : on le retrouve dans les excréments combiné avec une très-faible quantité de carbone.

D. — La grande quantité d'azote que renferment les excréments est-elle une cause des puissants effets des engrais animaux ?

R. — Oui, elle en est une des principales causes?

D. — Quelle forme l'azote prend-il pendant la fermentation du fumier d'écurie ?

R. — Il prend presque toujours la forme de l'ammoniaque.

D. — Qu'est-ce que l'ammoniaque ?

R. — L'ammoniaque est un gaz incolore, d'une odeur piquante, forte et d'une saveur caustique ; elle jouit des propriétés communes à tous les alcalis et est en outre très-volatile ; ce qui l'a fait nommer autrefois alcali-volatil. L'esprit ordinaire de sel ammoniac, que l'on vend dans les pharmacies, est tout simplement de l'eau combinée avec ce gaz.

Si l'on mélange dans un verre, en quantité égale, du sel ammoniac et de la chaux vive pulvérisés, le gaz ammoniac se développe bientôt d'une manière sensible à l'odorat et à la vue. Ce mélange est connu sous le nom de sel volatil d'Angleterre. Si l'on tient au-dessus du vase qui le contient, une plume trempée dans du vinaigre, ou dans de l'acide muriatique, le gaz devient visible sous la forme d'une vapeur blanchâtre. (Fig. 24). Si on remplit de ce mélange une

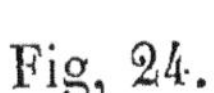

Fig, 24.

Fig. 25.

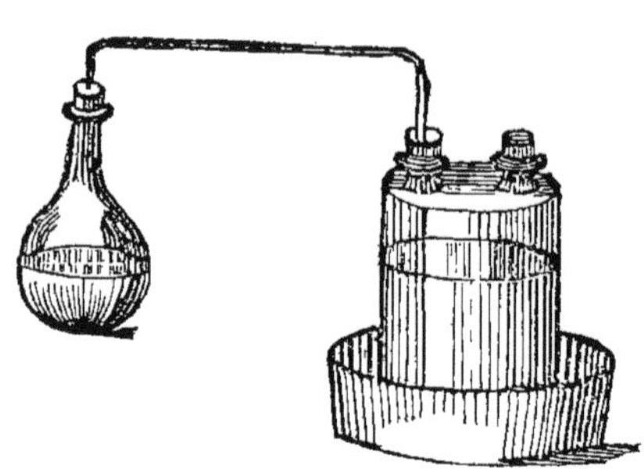

cucurbite * bien bouchée et pourvue d'un tube en verre qui, se recourbant aux deux extremités, plonge profondément dans un flacon tubulé * rempli d'eau distilée (*dit flacon de Voulf.* Fig. 25); et si l'on chauffe peu à peu la cucurbite, on obtient de l'esprit de sel ammoniac, car le gaz en se développant insensiblement est absorbé par l'eau. On fera bien de ne remplir de ce mélange la cucurbite que jusqu'aux trois quarts et de boucher le tout hermétiquement. Il faut en outre avoir soin d'arroser sans cesse le flacon tubulé avec de l'eau froide, afin de le maintenir frais. En parlant d'ammoniaque, l'instituteur aura occasion de rappeler à la mémoire de l'élève les six espèces d'airs ou gaz dont il a déjà été fait mention dans ce catéchisme, savoir : l'oxigène, l'hydrogène, l'azote, l'acide carbonique, le gaz chlore et l'ammoniaque.

D. — De quelle manière l'ammoniaque se produit-elle sans le secours de l'art ?

R. — Elle se forme par la fermentation des engrais qui contiennent beaucoup d'azote; c'est elle qui occasionne l'odeur piquante et caustique que l'on sent dans les écuries, particulièrement dans celles des chevaux.

D. — Comment peut-on reconnaître la présence de l'ammoniaque dans les écuries ?

R. — Si l'on tient, sur un tas de fumier. une plume ou un tube en verre, trempés dans du fumier ou de l'esprit de sel, la présence de l'ammoniaque se fera bientôt reconnaître aux vapeurs blanchâtres qui s'élèveront du tas de fumier. (Voyez l'expérience de la fig. 9 qui précède.)

D. — De quoi se compose l'ammoniaque ?

R. — De deux espèces de gaz : l'azote et l'hydrogène.

7 kilogrammes d'azote et 1 kilogramme 1/2 d'hydrogène forment 8 kilogrammes 1/2 d'ammoniaque.

D. — De quelle manière l'ammoniaque, qui se développe dans le fumier, passe-t-elle dans les racines des plantes ?

R. — Elle est absorbée par l'humidité du sol ; les racines s'emparent de celle-ci et en même temps de l'ammoniaque qu'elle contient.

D. — Quelles sont les matières végétales à la formation desquelles l'ammoniaque contribue ?

R. — Le gluten et autres matières organiques contenant de l'azote.

D. — L'ammoniaque constitue-t-elle une partie importante du fumier ?

R. — Oui ; parce que l'azote, soit sous une forme, soit sous une autre, est indispensable aux plantes pour leur accroissement.

D. — Est-ce le fumier seul qui fournit le gaz ammoniac aux plantes ?

R. — Non, elles le reçoivent aussi du sol et de l'eau, où l'on trouve souvent de faibles traces de cette espèce de gaz ; l'atmosphère même en contient toujours une certaine quantité.

D'après des calculs certains, le sable pur contient $\frac{1}{100}$ d'ammoniaque, et la marne $\frac{1}{10}$.

D. — Dans quelles parties du fumier l'ammoniaque se produit-elle le plus abondamment : est-ce dans les parties solides ou liquides ?

R. — C'est dans les parties liquides ; principalement dans l'urine de la vache.

Cette urine contient, d'après Sprenger *, sur 100,000 parties :

URINE DE LA VACHE.	FRAICHE,	FERMENTÉE	
		avec de l'eau	sans eau.
Urée *	4000	1000	600
Albumine.	10	»	»
Mucosité * animale.	190	40	50
Acide benzoïque.	90	250	120
Acide lactique.	516	500	500
Acide carbonique.	256	165	1553
Ammoniaque.	205	487	1622
Potasse.	664	664	664
Soude.	554	554	554
Silice.	56	5	8
Alumine.	2	»	»
Oxide de fer.	4	1	»
Oxide de manganèse.	1	»	»
Chaux.	65	2	8
Magnésie.	56	22	50
Chlore.	272	272	272
Acide sulfurique.	405	388	332
Acide phosphorique. . . .	70	26	46
Acide acétique.	»	1	20
Gaz hydrosulfurique *	»	1	50
Sel indissoluble.	»	180	150
Eau.	92624	95442	95481

D. — Il y a une grande différence entre l'urine

7.

fermentée ou purin, et l'eau qui découle des tas de fumier ?

R. — Oui, l'urine fermentée des bêtes à cornes, des chevaux et des moutons renferme de la potasse, de la soude, de l'ammoniaque et très-peu de phosphate; la mare du fumier, au contraire, contient une quantité plus grande de cette dernière substance.

D. — Quel est l'engrais solide qui contient le plus d'ammoniaque ?

R. — Le guano.

D. — Serait-il prudent de mêler le guano avec de la chaux sèche ?

R. — Non, car la chaux dégage l'ammoniaque du guano, la rend libre et fait qu'elle s'évapore dans l'air.

Comme expérience à l'appui de cette assertion, on mêlera, dans un vase, du guano de bonne qualité avec de la chaux vive pulvérisée. Ce mélange produira les mêmes effets que le sel volatil d'Angleterre.

La chaux sèche peut aussi faire dégager l'ammoniaque contenu dans le fumier ou le purin, c'est pourquoi il n'est pas prudent de mêler la chaux au fumier.

La table suivante indique la composition du guano, d'après Ure [1] :

GUANO

	AMÉRICAIN.	AFRICAIN.
Matières animales combinées avec de l'ammoniaque et de l'acide urique. .	50	37
Ammoniaque combinée avec de l'acide phosphorique et de la magnésie. .	13	9 $^1/_2$
Phosphate de chaux.	25	18 $^1/_2$
Potasse.	»	6
Silice.	1	» $^1/_2$
Eau.	11	28 $^1/_3$
	100	100

Le fumier frais d'écurie contient, d'après Richardson[*], sur 100 parties : eau, 64, 96 ; matières organiques, 24, 70 ; matières inorganiques ou cendres, 10, 33. La cendre de fumier d'écurie se compose de potasse, de soude, de chaux, de magnésie, de chlore, de silice et d'oxide de fer ; par conséquent de matières qui, étant réunies, forment la nourriture et les principes inorganiques des plantes.

La quantité de gluten et de fécule que les divers engrais contiennent d'après Hermbstaedt[*], se distribue ainsi sur 100 parties :

	GLUTEN.	FÉCULE.		GLUTEN.	FÉCULE.
Urine d'homme. . .	35, 10	39, 30	Fumier de cheval. .	13, 68	61, 64
Excréments d'homme	23, 14	41, 44	Fumier de vache. .	11, 96	62, 34
Fumier de mouton. .	32, 90	42, 43	Fiente de pigeons. .	12, 20	63, 18

D. — Qu'entend-on par engrais minéral ?

R. — Ce sont des matières terreuses, pierreuses ou salines qui ont la propriété de fournir, d'une manière quelconque, de la nourriture aux plantes, et de réparer ou d'augmenter la force productive du sol.

D. — Quelle est, en général, l'action de l'engrais minéral ?

R. — Les végétaux s'en emparent pour leur alimentation et la formation de leurs parties constituantes inorganiques. L'engrais minéral peut renouveler la composition du sol, attirer l'humidité et les gaz de l'air, et hâter la décomposition de plusieurs bons engrais qui gisent inutiles dans le sol.

D. — Quels sont les principaux engrais minéraux ?

R. — Les diverses chaux, le sel ordinaire et d'autres substances moins importantes.

D. — Quelle espèce de chaux emploie-t-on comme engrais ?

R. — La pierre calcaire, la marne, la chaux vive et le gypse.

D. — Sous quelle forme rencontre-t-on le plus fréquemment la chaux ?

R. — On la rencontre sous la forme de pierre calcaire brute ou de carbonate de chaux, qui est une combinaison de sa base première avec l'acide carbonique.

14 kilogrammes de chaux et 11 kilogrammes d'acide carbonique forment 25 kilogr. de carbonate de chaux : celui-ci se trouve pur dans le marbre, la craie et les coquillages.

D. — Emploie-t-on la pierre calcaire brute comme engrais ?

R. — En Allemagne, on s'en sert rarement, parce que son action ne commence que lorsqu'elle tombe en poussière, en se décomposant sous l'influence de l'air.

En France et en Angleterre, on fait usage de la pierre calcaire brute comme engrais, et en particulier, de la craie qui rend de bons services à un terrain compacte et dépourvu de chaux : car elle favorise l'accroissement des grains et des légumes. L'usage de ces pays est de mettre, dans les tas d'engrais, des pierres calcaires, du sable et des coquilles en décomposition, ainsi que des restes de matières végétales et animales.

D. — Qu'est-ce que la marne ?

R. — La marne est un mélange de carbonate de chaux, d'argile et de sable ; sa couleur est variée. La marne se réduit en poussière lorsqu'elle est exposée à l'air.

D. — Y a-t-il différentes espèces de marnes ?

R. — Oui : on la nomme marne calcaire, marne argileuse, marne glaiseuse, marne sableuse, selon que l'une ou l'autre de ces substances y domine.

D. — La marne est-elle un bon engrais ?

R. — Oui, surtout pour les terres dépourvues de principes calcaires. Elle a la propriété de détruire beaucoup de mauvaises herbes. Les plantes utiles, qui réussissent parfaitement à l'aide de cet engrais, sont : l'herbe ; l'avoine, l'orge, le froment, la rave, la navette, le colza et la carotte. La marne est peu propre à la réussite du lin.

D. — Quel est le proverbe assez généralement répandu auquel la marne a donné lieu ?

R. — On dit que la marne enrichit le père et appauvrit le fils.

D. — Quelle importance faut-il attacher à ce proverbe ?

R. — C'est qu'on ne doit pas trop compter sur

l'emploi de la marne seule comme engrais, parce que son action cesse totalement au bout de 10 ou 15 ans.

Les parties constituantes des marnes de différentes qualités, classées ci-dessous en six colonnes, sont indiquées par chiffres dans la table suivante :

LES DIVERSES MARNES contiennent SUR 100 PARTIES.	I.	II.	III.	IV.	V.	VI.
Acide silicique.	44,323	37,452	29,007	54,651	74,156	80,496
Alumine	35,171	34,641	26,725	14,335	11,625	3,158
Carbonate de chaux. . .	12,275	20,246	36,066	7,082	2,764	7,163
Oxide de fer.	5,031	2,142	4,333	6,843	6,213	3,966
Magnésie.	0,975	3,211	1,106	6,440	6,867	2,070
Ammoniaque.	0,004	0,073	0,057	»	»	»
Eau.	2,036	1,311	1,555	11,019	2,294	3,140

L'espèce de marne et la quantité qu'on doit en employer dépendent entièrement du terrain. Le terrain argileux exige la marne sableuse ; le terrain sablonneux, la marne argileuse , etc.

Les règles suivantes sont à observer : le second marnage doit toujours être plus faible que le premier, et la marne calcaire doit être employée en petite quantité ; les champs riches et fertiles n'ont besoin que de très-peu de marne.

D. — Qu'entend-on par chaux vive ?

R. — C'est le résidu de pierres calcaires, calcinées dans des fours à chaux.

D. — Qu'arrive-t-il lorsqu'on calcine la pierre calcaire ?

R. — L'acide carbonique étant volatilisé par la chaleur, il ne reste plus que la chaux pure.

Une petite expérience suffira pour rendre la chose sensible. Si l'on verse dans un verre un peu d'acide muriatique sur un petit morceau de pierre calcaire, l'acide carbonique se dégage aussitôt, ainsi que le prouve l'extinction d'une lumière que l'on tient au-dessus du vase ; si au contraire, on verse ce même acide muriatique sur un morceau de chaux bien cuite, il ne se développe que de la chaleur, mais point d'acide carbonique, l'acide carbonique ayant disparu par la calcination : dans ce dernier cas, la lumière tenue sur le vase ne s'éteindra point.

D. — Comment appelle-t-on encore la chaux vive ?

R. — On l'appelle chaux pure, chaux caustique ou chaux non éteinte.

D. — Combien de chaux vive peut-on retirer d'une certaine quantité de pierres calcaires ?

R. — 1,000 kilogrammes de pierres calcaires rendent environ 575 kilogrammes de chaux vive.

D. — Qu'arrive-t-il lorsque l'on verse de l'eau sur de la chaux vive ?

R. — La chaux absorbe l'eau, dégage une grande chaleur, se dilate avec ébullition et se réduit peu à peu en poussière. Lorsque l'on fait cette opération, cela s'appelle : éteindre la chaux.

La chaux, par une addition d'eau et mieux encore par l'emploi d'un acide, peut développer une si grande chaleur, que la poudre à tirer répandue sur ce mélange s'enflamme aussitôt. Cette expérience est facile.

D. — La chaux devient-elle plus pesante lorsqu'elle est éteinte ?

R. — Oui ; on peut s'assurer, au moyen d'une balance, qu'elle pèse alors environ un quart de plus.

D. — La chaux vive exposée à l'air se réduit-elle en poussière ?

R. — Oui ; elle absorbe les vapeurs aqueuses de l'air et par conséquent s'éteint et se pulvérise.

D. — La chaux vive s'empare-t-elle encore d'autres matières contenues dans l'air ?

R. — Oui, elle se charge peu à peu d'acide

carbonique, et devient, au bout d'un certain temps, du carbonate de chaux.

Si l'on verse un peu d'eau de chaux dans un large vase, il se formera bientôt sur la surface une sorte de peau blanchâtre composée de carbonate de chaux. Cette expérience prouve qu'il y a de l'acide carbonique dans l'air, et que la chaux vive l'attire.

D. — La chaux vive employée comme engrais a-t-elle le même effet que le carbonate de chaux?

R. — Non ; elle agit plus puissamment.

D. — Quelle est l'action de l'une et de l'autre de ces substances ?

R. — Elles fournissent au sol la chaux dont toutes les plantes ont besoin pour leur nourriture, se combinent avec les acides existant dans le sol ; détruisent les acides nuisibles ; ameublissent le sol par la décomposition des restes végétaux et animaux qu'elles renferment ; et, par là, rendent ces restes accessibles aux plantes comme principes nutritifs.

D. — Faut-il enfouir la chaux, ou la répandre seulement sur la superficie du sol ?

R. — Il ne faut que la répandre superficiellement, car peu à peu, elle s'enfonce d'elle-même dans le sous-sol.

D. — A quelle espèce de terrains la chaux vive convient-elle le mieux ?

R. — Aux terrains tourbeux, marécageux, compactes, argileux, contenant des acides et à ceux encore qui renferment beaucoup de matières organiques.

D. — La même quantité de chaux produit-elle un meilleur effet sur une terre sèche que sur une terre humide.

R. — L'effet de la chaux sur une terre sèche et dépurée est assurément beaucoup plus efficace.

D. — Quelle est la quantité de chaux à employer pour engraisser un terrain ?

R. — Il n'en faut jamais moins de 16 doubles décalitres et jamais plus de 36, par pièce de terre de 35 ares.

D. — Doit-on renouveler chaque année l'engraissement par la chaux ?

R. — Non ; ce renouvellement doit avoir lieu seulement tous les six ans.

En Angleterrre, on n'engraisse le même champ avec de la chaux, qu'une seule fois pendant la période de la culture en fruits successifs ; et même très-souvent, on n'applique cet engrais que tous les 19 ans.

D. — Pourquoi doit-on renouveler l'engrais de chaux ?

R. — Parce que les plantes enlèvent non-seulement au sol une partie de la chaux qu'il contient, mais aussi parce que la chaux s'enfonce en partie dans le sous-sol, ou est entraînée par les eaux.

D. — Qu'est-ce que le gypse ?

R. — Le gypse est une terre blanche, que l'on rend propre à l'usage de l'économie rurale, en écrasant les pierres gypseuses dans des moulins. Le gypse est une combinaison d'acide sulfurique et de chaux : c'est pourquoi on l'appelle aussi sulfate de chaux.

20 kilogr. d'acide sulfurique, 14 kilogr. et demi de chaux et 9 kil. d'eau forment 43 kil. et demi de gypse ordinaire. Le gypse contient en général 25 p. % d'eau, que l'on peut faire évaporer par la cuisson. En Allemagne, on emploie presque toujours le gypse sans le cuire. Si l'on chauffe, à la flamme d'une lampe, un peu de gypse ordinaire, dans une cucurbite (Fig. 26), il s'épaissit peu à peu, passe à la couleur du lait, perd en partie l'air qu'il contient,

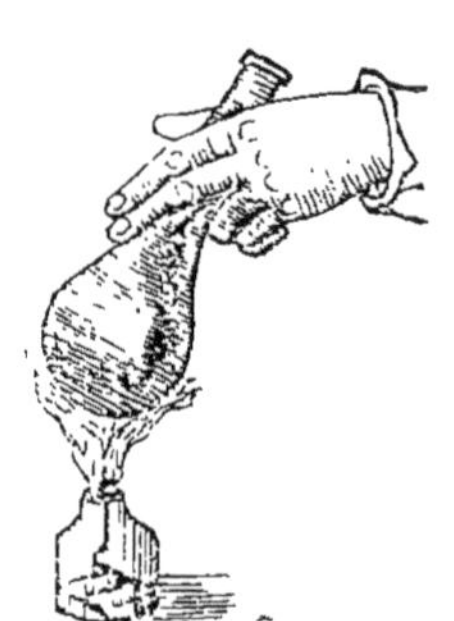

Fig. 26.

devient plus léger et se reduit en une poudre fine et

blanche, qui forme le *stucco :* on appelle ainsi le gypse dont on se sert pour fabriquer le stuc et les figurines en gypse.

D. — Sur quels terrains emploie-t-on le gypse avec avantage?

R. — Le plus souvent sur un terrain sec et chaud, attendu que son effet est à peu près nul sur une terre féconde et froide.

D. — De quelle manière enfume-t-on les champs avec le gypse ?

R. — On le répand ordinairement sur les semis, car son action s'exerce principalement sur les feuilles ; cependant, comme les racines se ressentent aussi de son influence, on a essayé, il y a peu de temps, mais sans succès, de le retourner sous terre, par le labour.

D. — Faut-il attendre une saison et une température particulières, pour appliquer l'engrais de gypse ?

R. — On engraisse les champs, avec le gypse, bien plus souvent au printemps qu'en automne. Il faut choisir de préférence un temps calme, chaud et humide, et les heures du matin où les feuilles sont encore couvertes de rosée ; ou bien on éparpille cet engrais après une pluie chaude ; mais il faut avoir la précaution de ne jamais répandre le gypse lorsqu'il pleut, ou lorsqu'il y a une gelée blanche.

D. — Quels sont les végétaux que l'on engraisse de préférence avec le gypse ?

R. — Les trèfles, ensuite les pois, la vesce, le haricot, les lentilles, le méteil, le maïs, le blé sarrasin, le lin et la navette.

Les plantes légumineuses, qui ont été engraissées par le gypse, s'amollissent difficilement en cuisant ; elles fournissent même plus de feuilles et de fleurs que de graines. Les blés, après la fumure par le gypse, ont rarement donné de bons résultats. La navette, au contraire, réussit admirablement. On sème le gypse sur la navette, dès qu'elle a montré deux petites feuilles. On emploie de 2 à 3 doubles décalitres de gypse, par pièce de terre de 35 ares. On mêle souvent avantageusement le gypse avec la cendre.

D. — Sur quoi base-t-on l'effet du gypse comme engrais ?

R. — C'est que, d'une part, il fournit aux plantes deux matières importantes : la chaux et l'acide sulfurique ; et que d'autre part, il a la propriété de conserver l'ammoniaque qui est dans le sol et de s'emparer de l'ammoniaque qui est dans l'air.

Le gypse possède d'une manière toute spéciale la propriété de conserver l'ammoniaque : c'est pour cette raison, qu'il y a un grand avantage à le mêler avec le fumier d'écurie et le purin. En répandant du gypse dans les écuries, on est sûr de détruire bientôt l'odeur de l'ammoniaque. On a l'habitude d'en jeter dans les cloaques.

D. — L'action du gypse comme engrais est-elle durable ?

R. — Elle dure de 1 à 3 ans.

D. — Se sert-on comme engrais du sel ordinaire ?

R. — Oui ; cependant on l'emploie rarement en Allemagne à cause de sa chèreté (1).

D. — De quoi se compose le sel ordinaire ?

R. — C'est une combinaison d'acide muriatique et de soude; l'acide muriatique est composé lui-même de chlore et d'hydrogène, ou, pour parler

(1) Grâce à la persévérante activité de M. Auguste Demesmay, représentant du peuple, l'impôt du sel a été considérablement réduit en France. Espérons que le sel, cette substance si indispensable à l'agriculteur, sera bientôt affranchi de toute redevance (NOTE DU TRAD.)

plus exactement, c'est une combinaison du chlore avec le natrium *.

Le sel est un des minéraux les plus répandus ; on le trouve, à l'état solide, comme sel gemme ; et l'on en tire considérablement de l'eau de mer et des sources salées.

L'instituteur fera bien de montrer des morceaux de sel gemme de différentes couleurs et des cristaux de sel ordinaire.

D. — Quel effet produit le sel comme engrais ?

R. — Les végétaux l'absorbent en partie ; il active leur accroissement ; préserve les blés de la nielle ; maintient le sol dans un état d'humidité qui lui convient, et détruit les acides et les insectes.

Il faut avoir soin de ne pas répandre de sel sur les plantes vertes : ce n'est donc qu'en hiver qu'il faut en semer sur les prés. On fume les blés d'hiver avec du sel huit jours après les semailles, ou bien on en répand sur la jachère de l'année précédente. On en jette sur les blés d'été, 6 à 8 semaines avant les semailles, ou après les avoir hersées. Quant aux raves cultivées dans la jachère, on sème le sel avant de les planter ; mais il faut alors le mêler avec de la graine de lin.

Le sel employé en trop grande quantité devient nuisible.

L'engrais de sel n'est autre chose qu'un liquide saturé

de chaux, qu'on appelle eaux mères, qui passe à l'état solide et qui reste au fond de la chaudière, après l'évaporation de l'eau salée. Cet engrais est très-puissant. Les résidus des salines, tels que la cendre des épines, la chaux
carbonatée, en concrétion*, etc., sont des engrais es-
timés.

D. — Quelles sont les matières minérales ou inorganiques que l'on peut encore indiquer comme
engrais?

R. — Le nitre cubique, le sel de Glauber et autres minéraux semblables.

D. — Qu'est-ce que le nitre cubique?

R. — C'est un sel blanc que l'on trouve dans
l'Amérique méridionale, sur des terrains d'une
immense étendue. Ce sol se compose d'acide nitrique et de soude. On s'en sert depuis longtemps,
avec succès, en Belgique et en Angleterre, pour
fumer les prés et les jeunes blés.

27 kilogr. d'acide nitrique et 15 kilogr. et demi de soude
forment 42 kilogr. et demi de nitre cubique. Pour démontrer en quoi le nitre cubique diffère du sel ordinaire, il
suffit d'en mettre un peu des deux sortes sur la flamme
d'une lumière : le sel ordinaire pétille et projette des étincelles; le nitre cubique brûle en répandant une grande
flamme, comme le nitre ou salpêtre, qui se compose d'a-
cide nitrique et de potasse.

9

D. — Qu'entend-on par acide nitrique ?

R. — L'acide nitrique, appelé vulgairement *eau forte*, est un liquide incolore, très-acide, qui détruit tous les corps organiques, et qui se compose de deux espèces de gaz : l'oxigène et l'azote.

7 kilogr. d'azote et 20 kilogr. d'oxigène forment 27 kil. d'acide nitrique. Les propriétés remarquables qu'on lui attribue sont celles-ci : il colore en jaune les matières organiques, exemple : les doigts ; versé sur du cuivre, il lui donne la couleur du bleu-foncé ; il dégage de la chaleur et des vapeurs rougeâtres ; il détruit les divers gaz nuisibles : aussi le moyen le plus simple pour purifier l'air dans les chambres des malades, dans les caves et les charniers, est-il de faire évaporer dans ces lieux une petite quantité d'acide nitrique.

L'instituteur trouvera ici l'occasion d'établir une comparaison entre les trois acides les plus importants qui sont : l'acide sulfurique, l'acide muriatique et l'acide nitrique.

D. — Sur quoi base-t-on l'action du nitre cubique employé comme engrais ?

R. — Il active l'accroissement des plantes comme tous les nitrates *; leur fournit de l'azote et de la soude ; mais cette action n'est pas de grande durée.

Le nitre cubique favorise le développement des feuilles.

sans augmenter le rapport des grains, et rend le foin plus léger ; il en faut de 40 à 50 kilog. pour engraisser 35 ares de terrain. Le sel de Glauber, qui est une combinaison d'acide sulfurique et de soude, est très-souvent employé dans la médecine vétérinaire ; mais on s'en sert rarement comme engrais : ce sel n'agit que sur un sol qui possède encore quelque force végétative, parce que l'acide sulfurique et la soude, dont il est composé, favorisent la décomposition de la terre.

D. — Quelle température faut-il choisir pour appliquer, comme engrais, les sels ci-dessus mentionnés ?

R. — Un temps calme, afin qu'on puisse les répartir d'une manière convenable ; s'il est possible, il faut semer ces sels immédiatement après la pluie, afin que, dans l'humidité, ils se dissolvent plus rapidement.

D. — Les engrais minéraux peuvent-ils remplacer complètement les engrais végétaux et animaux ?

R. — Non, car les engrais minéraux n'agissent parfaitement qu'après plusieurs fumures faites avec du fumier d'écurie. Selon les circonstances, ils augmentent considérablement l'effet du fumier ;

en outre, ils ont une valeur particulière, parce qu'ils peuvent améliorer la composition du sol.

On considère encore en agriculture comme engraissement minéral, l'augmentation de la couche végétale, le changement de la composition du sol, l'amélioration du sous-sol résultant des transports de diverses terres sur les champs, tels, par exemple, que celui du sable sur un terrain compacte et argileux, celui de l'argile sur un terrain sablonneux, et, sur certaines terres, celui des débris de bâtiments. On rend aussi fertiles, en les brûlant, les terres argileuses, tourbeuses, marécageuses couvertes de bruyères, et qui sont restées en friche. L'air atmosphérique exerce aussi un effet puissant sur le sol. L'engraissement par irrigations, par la suppression du labour en laissant croître les herbes, et enfin par le mélange et la transformation du sol au moyen de la charrue ou de tout autre travail économique, appartient aussi à la série des engraissements minéraux.

D. — N'avons-nous omis dans ce qui précède aucun engrais important ?

R. — On peut encore citer l'engrais mélangé.

D. — Qu'entend-on par engrais mélangé ?

R. — On entend par cette expression le mélange de divers engrais organiques avec des engrais inorganiques.

D. — Y a-t-il une règle à suivre pour procéder à ce mélange ?

R. — On peut étudier celle du célèbre économe Thaër*.

D. — En quoi consiste cette règle ?

R. — Rassemblez autant de matières végétales, animales et terreuses que vous pourrez ; mélangez-les bien ensemble ; ajoutez-y un peu de chaux vive et de la terre, juste autant qu'il en faut pour amener la fermentation ; ensuite retournez et remuez souvent ce mélange jusqu'à ce qu'il fasse une masse homogène.

Il faut toutefois remarquer que, si l'on remue trop fréquemment l'engrais mélangé pendant le temps de la fermentation, on en diminue la force. De plus, comme cet engrais mélangé contient des semences de mauvaises herbes provenant du fumier de cochon, des restes de greniers à foin, de la terre, etc., il faut autant que possible ne l'employer que sur les prés.

D. — En résumé, quelles sont les choses relatives aux engrais que l'agriculteur ne doit jamais perdre de vue ?

R. — Il s'en tiendra aux engrais qui lui sont connus, aussi longtemps qu'il n'aura pas la conviction parfaite du bon marché et de l'efficacité de ceux qu'on vient lui vanter, souvent sans raison plausible ; il ne négligera pas toutefois de recueillir et de rassembler toutes les matières propres à former des engrais ; et pour ce faire, il prendra toujours la nature et l'expérience pour guides ; enfin il se montrera circonspect dans l'emploi des engrais artificiels.

Le cultivateur doit se méfier surtout de ces charlatans qui prônent et vendent, sur les marchés, des graines et des engrais auxquels ils attribuent une efficacité merveilleuse ; ou du moins, il ne les acceptera que lorsque l'expérience en aura consacré l'efficacité. Nous lui conseillons en outre de ne pas se servir de guano, de nitre cubique, de poudrette et autres choses semblables, tant qu'il aura la possibilité de produire de la paille et de faire du fumier d'écurie à meilleur marché.

CHAPITRE IX.

COMPOSITION PARTICULIÈRE DES PRODUCTIONS VÉGÉTALES.

D. — De quelles matières organiques les grains des diverses espèces de blés sont-ils composés ?

R. — De trois principales, qui sont : la fécule, le gluten, l'huile ou matière grasse.

D. — Dans quelle proportion ces substances se trouvent-elles d'ordinaire dans le froment ?

R. — 100 parties de farine de froment contiennent en moyenne 60 parties de fécule, 10 de gluten et 2 ou 3 parties d'huile.

La table suivante donnera approximativement la composition organique des principales espèces de blés.

LES BLÉS CI-APRÈS contiennent SUR 100 PARTIES.	FÉCULE.	GLUTEN.	SUCRE.	GOMME.	LIGNEUX ou tégument	ALBUMINE
Froment allemand. . .	68, 0	16, 8	3, 8	—		1, 5
Froment anglais. . . .	77, 0	19, 0	Quelques traces.	—		—
Epeautre.	58. 0	12, 8	10, 4	7, 2	12, 4	3, 0
Froment amylacé *. . .	58, 79	12, 98	0, 49	5, 35	19, 88	2, 97
Seigle.	61, 07	9, 48	3, 28	11, 09	6, 38	3, 28
Orge.	69, 81	3, 52	5, 21	8, 60	17, 97	0, 29
Avoine.	55, 0	3, 1	6, 8	7, 30	15, 0	0, 3
Maïs.	80, 92	7, 71	0, 90	2, 28	—	—
Blé sarrasin.	52, 29	10, 47	3, 06	2, 8	26, 94	0, 22

La quantité de fécule et de gluten que les grains contiennent varie extraordinairement, selon que le sol a été plus ou moins bien engraissé : ainsi, lorsqu'on a pris pour engrais des excréments humains, les grains de seigle contiennent sur 100 parties 52, 4 de fécule et 11, 9 de gluten ; et lorsqu'on ne s'est pas servi de cet engrais, ils contiennent 56, 3 de fécule et 8, 6 de gluten ; l'avoine fumée avec du fumier de mouton contient 4 parties de gluten et 54 de fécule. Non fumée, l'avoine contient 1 , 9 de gluten et 60 parties de fécule. La quantité d'huile ou matière grasse que les blés contiennent est pour le froment de 2 à 3 parties p. %; pour le seigle de 1 à 2; pour l'orge de $^1/_2$ à 1 $^1/_2$; pour l'avoine de $^1/_4$ à $^3/_4$; pour le maïs de 1 $^1/_4$ à 2, et pour le blé sarrasin de $^1/_3$ à $^2/_3$.

D. — De quoi se composent surtout la pomme-de-terre et les plantes dont on vient de parler ?

R. — Elles se composent principalement d'eau.

D. — Combien, en moyenne, contiennent-elles d'eau ?

R. — 50 kilogrammes de pommes-de-terre renferment 37 kilog. et demi d'eau ; 50 kilog. de bette-raves, 46 kilog. et demi ; 50 kilog. de raves, 46 kilog.; 50 kilog. de topinambours, 39 kilog. et demi.

D'après Boussingault *, la quantité d'eau que les blés, les légumes et autres matières végétales contiennent, est de 14 parties sur 100 pour le froment ; de 16 sur 100 pour le seigle ; de 25 sur 100 pour l'avoine ; de 26 sur 100 pour la paille de froment ; de 18 sur 100 pour la paille de seigle ; de 28 sur 100 pour la paille d'avoine ; de 8 sur 100 pour les pois ; de 21 sur 100 pour le foin ou trefle, et de 12 sur 100 pour les tiges de topinambour.

D. — Combien la pomme-de-terre contient-elle de parties de fécule ?

R. — De 15 à 20 sur 100. Les tubercules encore verts en contiennent encore moins que ceux qui sont mûrs.

D. — Et les diverses espèces de raves ?

R. — Elles n'en contiennent point ; mais en revanche on trouve en elles du sucre ou de la pectine* (gélatine végétale).

100 parties de bette-raves donnént de 18 à 19 parties de sucre et de 3 à 4 parties de tissu cellulaire (fibres contenant un peu d'amidon). 100 parties de raves donnent de 18 à 19 parties de gélatine unie à une faible quantité de sucre , et de 3 à 4 parties de tissu cellulaire. Ces deux plantes contiennent en outre des sels et de l'azote.

D. — Toutes les espèces de blés ou de plantes tuberculeuses renferment-elles une égale quantité de gluten, de fécule et autres matières ?

R. — Non : il y a des espèces de froment qui contiennent plus de gluten , des espèces d'avoine, plus d'huile ; des espèces de pommes-de-terre, plus de fécule.

D. — Le climat et le sol exercent-ils une influence sur la plus ou moins grande quantité des matières sus mentionnées ?

R. — Oui ; un climat chaud est favorable à la formation du gluten.

La pomme-de-terre et l'orge qui ont cru dans un terrain

léger et sec, contiennent plus de fécule que des végétaux de même nature, qui ont poussé dans un terrain compacte et humide.

D. — Obtient-on des matières inorganiques ou de la cendre, en brûlant des grains de blé, des tubercules de pommes-de-terre ou des raves ?

R. — Oui, toutes les semences et racines livrent une petite quantité de cendres après leur combustion.

D. — De quoi cette cendre est-elle composée ?

R. — De matières inorganiques dont les plantes se sont emparées comme principes nutritifs et parties essentielles.

Il faut ici se rappeler ce qui a été dit sur la composition de la cendre végétale et bien remarquer que, quand la cendre des graines et des racines contient les matières inorganiques qui ont été mentionnées, ce sont les phosphates acides que l'on y trouve en plus grande quantité.

Nous donnons ci-contre une table des principales parties inorganiques qui entrent dans la composition de certaines plantes importantes à la culture, plantes que, pour la plupart, nous n'avons pas encore nommées dans le cours de cet ouvrage.

Les productions végétales suivantes contiennent sur 100 parties.	P. °/₀ de la CENDRE.	POTASSE.	SOUDE.	MAGNÉSIE.	CHAUX.	ACIDE phospho-rique.	ACIDE sul-furique.	SILICE.	OXIDE de fer.	CHLORE ou sel ordinaire.
Maïs.	»	50, 8		17, 0	1, 5	50, 1	—	0, 8	—	—
Paille de maïs.	6, 5	14, 46	59, 92	1, 84	5, 55	11, 76	0, 59	18, 89	0, 90	6, 29
Millet.	»	9, 58	1, 51	7, 66	0, 86	18, 19	0, 55	59, 65	0, 65	1, 45
Blé sarrasin. .	»	8, 74	20, 10	10, 58	6, 66	50, 07	2, 16	0, 69	1, 05	—
Pois.	»	55, 20	10, 52	6, 91	2, 70	54, 01	4, 28	0, 29	1, 94	2, 56
Haricots. . . .	5, 29	38, 89	11, 41	9, 05	5, 90	51, 54	2, 47	0, 44	0, 11	0, 54
Fèves.	»	20, 82	17, 40	8, 87	7, 26	57, 94	1, 54	2, 46	1, 05	2, 45
Lentilles. . . .	2, 06	27, 84	6, 65	1, 98	5, 07	29, 07	—	1, 07	1, 61	6, 15
Vesces. . . .	2, 40	50, 59	9, 56	8, 49	4, 79	58, 65	4, 10	2, 01	0, 75	2, 00
Foin.	11, 40	9, 71	15, 60	traces.	7, 50	15, 79	5, 02	26, 00	2, 25	20, 46
Esparcette. . .	»	6, 75	20, 55	8, 57	51, 01	26, 10	1, 68	1, 10	2, 28	2, 18
Tabac.	»	29, 08	2, 26	7, 22	50, 55	2, 74	5, 75	—	6, 04	0, 91
Houblon. . . .	9, 87	25, 18	—	5, 77	15, 98	12, 15	5, 41	21, 50	5, 12	7, 24
Lin.	5, 00	0, 57	9, 82	7, 79	12, 55	10, 84	2, 65	21, 55	—	—
Graine de lin.	4, 65	25, 85	0, 71	0, 22	25, 98	40, 11	0, 99	0, 92	5, 67	1, 55
Garance. . . .	8, 25	20, 59	7, 57	2, 60	24, 00	5, 65	2, 56	1, 14	0, 82	5, 41
Chanvre. . . .	»	5, 45	0, 72	4, 88	42, 05	5, 22	1, 10	6, 75	—	—
Vigne.	2, 85	57, 48	1, 55	1, 05	45, 88	9, 20	5, 61	0, 72	1, 08	1, 61

CHAPITRE X.

DES PLANTES CONSIDÉRÉES COMME FOURRAGE.

————o o————

D. — Quelles sont, pour l'économe rural, les différentes manières de mettre à profit la culture des végétaux?

R. — Il retire de l'argent par la vente des uns; il consacre les autres à l'engrais végétal ou à la nourriture de ses animaux domestiques.

D. — Quelles substances nutritives doit-on donner à un animal pour l'entretenir dans toute sa force?

R. — Des matières organiques telles que la fécule, le gluten, la gomme, le sucre, l'huile ou graisse; et des matières inorganiques, telles que des sels et des substances salées.

La gomme et le sucre comme fourrage donnent le même résultat que la fécule, attendu qu'ils se composent des mêmes substances qu'elle.

D. — Pourquoi le fourrage doit-il contenir de la fécule, de la gomme et du sucre ?

R. — Afin de pouvoir fournir à l'animal la quantité nécessaire de carbone qu'il exhale continuellement de ses poumons sous la forme d'acide carbonique.

Si un homme exhale chaque jour de 180 à 240 grammes de carbone, il faut donc qu'il mange journellement 500 grammes de fécule environ, pour pouvoir suffire à ce besoin : car 5 kilog. de fécule ne contiennent que 2 kilog. de carbone.

D. — Que devient l'acide carbonique exhalé ?

R. — Il se mêle à l'air ordinaire d'où les plantes l'attirent de nouveau pour en former de la fécule, de la gomme et du sucre.

La nourriture qui contient du carbone contribue particulièrement à développer dans le corps animal la chaleur interne dont il a besoin pour sa santé et son accroissement.

D. — A quoi sert le gluten dans le fourrage ?

R. — L'animal a besoin de gluten pour réparer la force des muscles de son corps.

D. — La force musculaire des animaux diminue-t-elle chaque jour ?

R. — Oui ; presque toutes les parties du corps animal subissent chaque jour un certain déchet.

D. — Que deviennent donc les parties qui se perdent ?

R. — Elles sortent du corps par l'urine et les excréments.

D. — Comment le gluten peut-il réparer la perte qu'un animal a subie dans ses muscles ou parties maigres de la chair ?

R. — Le gluten des plantes dont se nourrissent les animaux a pour élément essentiel l'azote, qui est la même substance que celle dont sont formés leurs muscles.

Le foin contient 2 p. % d'azote, d'où il suit qu'une vache consommant 12 kilog. $\frac{1}{2}$ de foin recevrait 250 grammes d'azote. Cette quantité d'azote, transformée en fibres charnues, devrait donner 4 kilog. 150 grammes de chair, si la plus grande partie de l'azote ne passait dans l'urine, la fiente et le lait.

On entend par muscles, des organes charnus et contractiles qui sont réunis par un tissu cellulaire et forment la partie maigre de la chair. Les muscles couvrent les os, servent aux mouvements des membres et des parties mobiles du corps.

D. — A quoi l'huile et la graisse du fourrage sont-elles destinées ?

R. — Elles remplacent, dans le corps animal, la perte naturelle de la graisse, perte que l'animal subit chaque jour par la transpiration et par la chaleur.

D. — Qu'entend-on par huile et graisse des plantes ?

R. — L'huile ordinaire et la graisse se trouvent dans plusieurs plantes, surtout dans la semence ; la graisse existe en outre dans le corps animal, dans le tissu cellulaire, entre la peau et la chair, et dans les entrailles. Ces deux substances se distinguent par une saveur d'une douceur particulière ; elles contiennent beaucoup de carbone et d'hydrogène, peu d'oxigène et point d'azote.

Les huiles ordinaires sont très-différentes des huiles volatiles qu'on reconnaît à une odeur et une saveur pénétrantes. Nous citerons pour exemples les huiles de rose, d'œillet, de citron, de térébenthine, etc.

D. — L'huile contenue dans le fourrage a-t-elle encore quelque autre importance ?

R. — Oui ; car dès qu'un animal en reçoit plus qu'il ne lui en faut pour réparer ses pertes, l'excédant se change en graisse au profit de l'animal.

D. — Ainsi donc le fourrage qui contient beaucoup d'huile doit être le meilleur pour engraisser les animaux ?

R. — Sans aucun doute ; car sur deux espèces de fourrages, la meilleure pour engraisser le bétail, est sans contredit celle qui contient le plus de matières grasses.

Il suit de là que les pains d'huile ou tourteaux sont une excellente nourriture pour le bétail. Plusieurs expériences de Liebig * et Boussingault ont parfaitement confirmé les principes établis ci-dessus. Ainsi, des cochons nourris avec des pommes-de-terre ne prirent pas plus de graisse que les pommes-de-terre n'en contenaient, c'est-à-dire très-peu ; mais par une addition de graisse aux pommes-de-terre, ces nouvelles matières nutritives eurent la propriété d'engraisser ces animaux d'une manière étonnante. Des canards qui n'avaient été nourris que de riz, lequel ne renferme presque aucune partie grasse, restèrent maigres jusqu'à ce qu'on eût ajouté à ce riz un peu de beurre : ils devinrent alors très-gras. Ces observations sur la manière d'engraisser le bétail sont de la plus haute importance. Nous ferons encore une remarque digne de considération. Liebig a posé le premier en principe que l'action de la nourriture a un double effet, savoir : la nutrition propre et l'entretien de la respiration. En effet les matières nutritives qui ne contiennent point d'azote, ne produisent guère que de la chaleur dans le corps animal, tandis qu'une nourriture saturée d'azote sert à restaurer et à réparer les parties solides de l'animal. Les matières spécialement nutritives sont celles qui développent de la chaleur : dans le lait, comme 1 est à 2 ; dans les haricots, comme 1 est à 2 et demi ; dans la farine de froment, comme 1 est à 8 ; dans les pommes-de-terre, comme 1 est à 9 ; dans les raves, comme 1 est à 10 ; dans la fécule comme 1 est à 40.

D. — Quelles sont les principales matières inorganiques que doit contenir le fourrage ?

R. — Celles qui réparent dans l'animal la perte journalière de substances inorganiques et qui sont contenues dans les os, le sang, la peau, les poils, la corne et le lait.

D. — Quelles sont les principales matières inorganiques ?

R. — Le phosphate de chaux et de soude ; en outre le phosphate de magnésie, le carbonate de chaux, le sel ordinaire, la silice et l'oxide de fer.

Les os purs et secs se composent de phosphate de chaux, de carbonate de chaux, de phosphate de magnésie, de soude et de sel ordinaire. Le sang contient de la fibrine animale, des principes colorants, du phosphate de chaux, du phosphate de soude, de la potasse et de l'oxide de fer.

D. — Les sels, de même que le gluten, ne contribuent-ils pas à l'accroissement de l'animal?

R. — Oui; pendant tout le temps que l'animal croît, les sels doivent non-seulement réparer les pertes journalières qu'il éprouve, mais encore contribuer à son développement.

D. — Le jeune animal, dans sa croissance, exige-t-il une plus grande quantité de nourriture renfermant les principes nutritifs sus-mentionnés, que l'animal qui a atteint la taille ordinaire?

R. — Oui.

D. — Supposez que l'on donne à une jeune bête et à un animal entièrement développé la même quantité de fourrage, quel est celui des deux qui livrera le meilleur fumier?

R. — C'est l'animal qui est entièrement développé : car le plus jeune prend dans le fourrage plus de matières nutritives que l'autre pour le développement de son corps.

D. — Comment cela s'explique-t-il?

R. — L'un et l'autre ont à réparer, au moyen du fourrage, les pertes naturelles de leur corps ; mais le plus jeune de ces animaux a en outre besoin, pour hâter son accroissement, d'une certaine quantité de principes nutritifs qu'on ne rencontrera pas dans son fumier ni dans son urine.

D. — Pourquoi le fumier du vieux bétail est-il plus puissant que celui du jeune ou que celui de la vache laitière ?

R. — Parce que le bétail que l'on engraisse ne conserve du fourrage que la fécule et l'huile, substances qui contiennent du carbone et forment la graisse, tandis qu'il laisse passer dans ses excréments la plus grande partie des matières azotées.

D. — Comment doit-on soigner les animaux, pour obtenir d'eux, au moyen du fourrage, la plus grande quantité possible de chair et de graisse ?

R. — Il faut tenir les animaux dans une écurie chaude et propre, un peu sombre, mais cependant aérée ; les bien nourrir et ne les troubler que le moins possible.

D. — Quelles sont les espèces de fourrages le plus propres à engraisser le bétail ?

R. — Toutes les substances nutritives molles,

faciles à digérer et renfermant beaucoup de fécule
et de parties grasses.

Les tourteaux, les céréales, les matières fermentées
comme le malt de bière, l'herbe et le foin, les pommes-
de-terre et les raves sont des aliments de la meilleure qualité pour engraisser le bétail. Une médiocre quantité de
sel favorise la digestion et l'engraissement de l'animal
d'une manière médiate en excitant ses organes.

D. — Que faut-il faire pour retirer du foin, de
la paille et des engrais végétaux la plus grande
quantité possible de fumier ?

R. — Il faut tenir les animaux dans une écurie
un peu froide et leur donner de l'exercice.

D. — Quels sont les fourrages qui produisent
la plus grande quantité de lait ?

R. — Ce sont les fourrages humides, l'herbe
qui contient beaucoup de sucs, les trèfles, le seigle
à fourrage, les raves de jachères avec leurs feuilles,
la pomme-de-terre, etc. Il faut en outre donner
aux vaches autant d'eau à boire qu'elles en dé-
sirent.

Le lait des animaux est un mélange de graisse, de matières caséeuses *, de sucre d'acide saccharolactique *, de sels et d'eau.

D. — Obtient-on la meilleure qualité de lait par l'emploi des fourrages dont il a été ci-dessus question ?

R. — On en obtient beaucoup de lait, mais il contient une grande quantité de parties aqueuses. Pour avoir de bon lait, il faut donner en abondance à la vache du fourrage sec, de l'herbe menue et aromatique, comme celle qui croît dans les vieux pâturages, du blé, du son, de la grosse farine, du foin de trèfle et d'autres aliments semblables.

D. — Par quelles matières nutritives arrive-t-on à obtenir la qualité de lait qui donne le plus de beurre ?

R. — Par celles dont on se sert pour engraisser le bétail : par exemple : les tourteaux, le maïs, le blé, le foin et les raves.

Le beurre est une graisse liquide, qui se trouve dans le lait mêlée avec l'eau dont il se sépare sous la forme de crême ; le beurre constitue une masse moitié solide, moitié molle, après avoir été dégagé. par le battement, de toutes les parties aqueuses de la crême.

D. — Tous les fourrages sont-ils également propres à la formation des matières caséeuses ?

R. — Non ; il faut choisir de préférence, pour la nourriture de la vache, les fèves, les pois, les vesces, le trèfle, le bon foin, qui donne au lait une quantité plus abondante de caséum.

D. — Qu'est-ce que le caséum ?

R. — Le caséum est, à l'état sec, une masse qui ressemble à la substance de la corne, et dont la composition a une grande similitude avec la chair musculaire ; il compose en grande partie le lait, et se sépare de l'eau sous la forme d'une gélatine, au moyen des acides ou dès que le lait se caille de lui-même. Cette eau extraite du lait, qu'on appelle petit-lait, contient encore quelques matières caséeuses, du sucre de lait et des sels.

D. — Pourquoi les fourrages que l'on vient d'indiquer fournissent-ils au lait une grande quantité de caséum ?

R. — Parce qu'ils contiennent proportionnellement beaucoup de substances azotées ayant presque la même composition et les mêmes propriétés que le caséum.

D. — Livre-t-on au bétail le fourrage tel qu'il

est, ou bien le prépare-t-on d'une manière particulière ?

R. — On peut faire l'une et l'autre chose, selon qu'on le juge à propos, et selon la qualité du fourrage. Ainsi, on hache la paille et le trèfle trop dur ; on cuit la petite paille et le grain dans l'eau ou dans les résidus de distillation ; on coupe par morceaux toutes les plantes à racines pivotantes, telles que la bette-rave, la rave, le choux-rave, la carotte, etc.; on cuit les pommes-de-terre ; enfin on fait quelquefois fermenter le fourrage seul ou mélangé, sous l'influence de l'humidité et de la chaleur. Quant aux choux, aux raves et aux pommes-de-terre, on les fait aigrir dans des fosses construites à cet effet.

D. — Quelle est l'espèce de nourriture préparée que l'on doit préférer pour l'alimentation du bétail : est-ce la nourriture fraîche, ou celle qui est devenue aigre par la fermentation ?

R. — La nourriture fraîche ordinaire est très-favorable à l'engraissement du bétail. Les cochons, au contraire, sont avides d'une nourriture aigre et fermentée.

Tous les aliments destinés au bétail ne subissent pas une

fermentation acide ; la nourriture ordinaire fermentée , qui est produite par l'échauffement spontané d'un mélange de racines coupées, de foin et de paille hâchés n'est sujette qu'à une fermentation spiritueuse. Cette fermentation convertit en sucre une partie de la fécule contenue dans ces aliments. On peut , avec avantage , distribuer ce dernier aliment au bétail que l'on engraisse ; son emploi est surtout excellent pour la vache laitière.

D. — Pourquoi faut-il donner aux cochons des aliments aigres ?

R. — Parce que d'après les expériences faites , les légumes, les menus grains des céréales et les pommes-de-terre, qui ont subi une fermentation acide, mélangés d'eau, de paille hachée ou de résidus de distillation, opèrent plus rapidement la formation du lard que des matières encore fraîches et non fermentées.

D. — Quelles sont en outre les règles à observer dans l'affourragement ?

R. — Le fourrage doit toujours être pur et simple, exempt de poussière, de moisissure, de pourriture et ne contenir ni sable ni terre. Il faut en donner suffisamment aux animaux, à des heures réglées ; jamais moins de deux fois par jour ; mieux vaudrait leur en distribuer trois fois. Lorsqu'on change de fourrage, il faut le faire d'une manière insensible : ainsi, lorsqu'on commence par distribuer au bétail de l'herbe ou du trèfle, il faut tout d'abord mêler à ces aliments du foin ou de la paille. Il est nécessaire que les écuries, les rateliers et les crèches soient tenus proprement; qu'il n'y existe qu'un petit courant d'air, et que l'on emploie tous les moyens possibles pour empêcher les insectes d'y pénétrer. Enfin, il faut donner de temps en temps du sel aux animaux, afin de les entretenir dans une santé parfaite en excitant leurs facultés digestives. Le bétail devra être, chaque jour, suffisamment abreuvé de bonne eau pure.

FIN DU CATÉCHISME.

PETIT DICTIONNAIRE.

SIGNES ABRÉVIATIFS.

—

adj. — Adjectif.

adj. c. — Adjectif composé.

n. p. — Nom propre.

s. m. — Substantif masculin.

s. f. — Substantif féminin.

v. — Verbe.

PETIT DICTIONNAIRE.

A.

Absorption, *s. f.* Action de s'emparer, de s'imbiber.

Acides, *s. m.* On comprend ordinairement sous cette dénomination des substances solides ou gazeuses dont la saveur est naturellement aigre, ou peut le devenir à l'aide d'une certaine addition d'eau. Elles ont la propriété de rougir les couleurs bleues végétales, et de se combiner avec les bases salifiables, en formant avec elles des composés qui portent le nom de sels. En général, on doit appeler *acide* tout corps qui peut se combiner à un oxide ou à une base salifiable pour former un sel. (Voyez *Oxide* et *Base.*)

Acide carbonique. — L'acide carbonique est un acide gazeux, appelé aussi air fixe ou fixé. C'est un des produits constants de la combustion. Il éteint les bougies allumées et asphyxie les animaux; il est soluble dans l'eau à laquelle il donne une saveur aigrelette.

Acide citrique. — L'acide citrique se trouve, soit libre, soit en combinaison, tout formé dans un grand nombre de productions végétales et particulièrement dans les citrons, les groseilles et les cerises.

Acide gallique. — On trouve l'acide gallique dans la noix de galle et dans la plupart des écorces. Il est soluble dans l'alcool et dans l'eau, d'une saveur astringente, et donne avec les sels de fer au maximum une belle couleur bleue foncée.

Acide muriatique ou *hydrochlorique*, ou encore *esprit de sel marin.* — Cet acide est une combinaison de volumes égaux d'hydrogène et de chlore. On le retire du sel marin par l'acide sulfurique qui le dégage sous forme de gaz. Il a une odeur vive et suffocante, éteint les bougies et tue les animaux. L'acide hydrochlorique liquide est un des réactifs le plus communément employés dans les laboratoires de chimie; il est d'usage en teinture comme mordant.

Acide nitrique ou *azotique* (*esprit de nitre*). — Cet acide qui se trouve dans la nature combiné à la chaux, à la potasse et à la magnésie, se forme sans cesse dans les lieux habités par les hommes et les animaux; il se produit aussi à la surface de la terre dans certains pays. Il est sous la forme d'un liquide blanc très-caustique, exhalant dans l'air une vapeur ou fumée d'une odeur désagréable ou suffocante. Cet acide jaunit les subtances animales et végétales, et dégage à l'air un gaz rougeâtre très-délétère.

Acide pectique. — Connu pendant longtemps sous le nom de *Gelée végétale;* cet acide existe dans beaucoup de substances végétales, racines, tiges, fruits, etc. Il donne aux sucs de ces derniers la propriété de former une gelée semblable, pour l'aspect, à la gélatine. A l'état sec, cet acide est comme un vernis ou une matière gommeuse.

Acide sulfurique. — Cet acide, connu depuis longtemps sous le nom d'huile de vitriol, parce qu'on le retirait du vitriol de fer (sulfate de fer), est, de tous les acides, le plus important et le plus usité. Il est liquide, blanc, inodore, de consistance oléagineuse. Une seule goutte de vitriol rougit à l'instant une grande quantité de teinture de tournesol. Cet acide désorganise subitement toutes les matières animales et végétales. C'est un des poisons les plus délétères ; il déplace presque tous les autres acides de leur combinaison et donne le moyen de les obtenir.

Acide tartrique ou *tartarique*. — On le rencontre dans beaucoup de fruits acides et surtout dans le raisin. Il fait la base du tartre où il est combiné avec la potasse en formant un sel acide.

Acide ulmique. — Se forme dans la décomposition des végétaux ; il est la base essentielle du terreau.

Il existe encore beaucoup d'autres acides qu'il est inutile de faire figurer ici.

Aériforme , *adj.* Qui a la forme, l'apparence de l'air.

Affinité , *s. f.* On appelle affinité la force en vertu de laquelle les particules de différente nature d'un corps s'unissent ou tendent à s'unir.

Alcali , *s. m.* De l'expression arabe *kali* par laquelle on désigne la *salsa-soda* , plante maritime d'où l'on retire la soude, l'un des principaux alcalis. On donne ce nom à un ordre de corps qui se distinguent par des propriétés particulières. Tous sont solubles dans l'eau, d'une saveur âcre, urineuse, caustique ; ils verdissent les couleurs bleues végétales et les ramènent au bleu lorsqu'elles ont été rougies par les acides. Les alcalis sont presque tous vénéneux ; les acides leur servent de contre-poison.

ALUN, *s. m.* C'est un composé d'acide sulfurique et d'alumine ; tantôt uni à la potasse, tantôt à l'ammoniaque , il prend dans ces deux cas les noms d'alun à base de potasse, d'alun ammoniacal.

AMENDER , *v.* Ce mot signifie rendre meilleur.

AMYLACÉ , *adj.* Qui contient de l'amidon.

APPAREIL, *s. m.* On donne généralement ce nom à l'ensemble des organes qui concourent à une même fonction.

AQUEUX, *adj.* Qui contient de l'eau.

ARGILO-LITHIQUE , *adj. c.* Qui tient tout à la fois de la nature de l'argile et de la pierre.

ASTÉRIQUE , *s. m.* Signe en forme d'étoile.

ATMOSPHÈRE. *s. f.* On appelle *atmosphère* la couche de gaz qui entoure de toutes parts la surface du globe terrestre, et qui est formée presque exclusivement d'air et de vapeur d'eau.

ATMOSPHÉRIQUE, *adj.* Qui appartient, qui a rapport à l'atmosphère.

B.

BASE , *s. f.* En chimie , on donne le nom de *base* à toute substance qui, combinée avec un acide, forme un sel : ainsi la soude est la base du sel marin ; la potasse est la base du salpêtre. — Tous les alcalis sont des bases puissantes. Les bases verd'ssent les teintures végétales, et ramènent au bleu la teinture de tournesol rougie par les acides.

BICARBONATE. (Voyez *Carbonate.*)

Boussingault (N.), *n. p.*, savant français contemporain, élève de l'école des mines de St.-Etienne, a exploité pendant plusieurs années, au point de vue scientifique, l'Amérique et surtout la Colombie.

Il a publié de nombreux mémoires sur les sciences chimiques et l'agriculture, et est l'auteur d'un ouvrage en deux volumes, in-8°, ayant pour titre : *Elément d'Economie Rurale, dans ses rapports avec la Physique, la Chimie*, etc.

Bromos ou Brôme, *s. m.* Plante qui ressemble à de l'avoine sauvage.

Bugrane, *s. f.* Plante légumineuse, appelée par les cultivateurs arrête-bœufs, parce que sa racine est si rameuse et si grande que lorsqu'une charrue attelée de deux bœufs vient à passer au milieu, elle suffit pour arrêter la marche puissante de ces animaux.

C.

Calcaire, *adj.* Qui contient plus de $^1/_5$ de chaux.

Carbonate, *s. m.* Nom générique des sels formés par l'union de l'acide carbonique avec les *bases*. On appelle bi-carbonates des sels qui contiennent deux fois autant d'acide que les sels neutres.

Caséeux, *adj.* Qui est de la nature du fromage.

Caséum, *s. m.* Principe qui forme la base du fromage.

Caustique, *adj.* Ce mot signifie brûlant, corrosif.

Chimie, *s. f.* Ce mot est d'origine orientale. Cette science prit naissance à Alexandrie, au IIe siècle ; elle apprend à connaître l'action intime et réciproque de tous les corps de la nature les uns sur les autres. La chimie minérale est appelée aujourd'hui *Chimie inorga-nique ;* la chimie végétale et la chimie animale sont connues sous la dénomination de *Chimie organique.*

CHLORATE, *s. m.* On appelle chlorates les combinai-sons d'acide chlorique (combinaison de chlore et d'oxigène) avec les bases.

CHLORE, *s. m.* Voyez page 63 du Catéchisme.

COMBUSTIBLE, *adj.* On entend par ce mot, tout ce qui est susceptible de brûler.

CONCRÉTION, *s. f.* Résultat de l'action de s'épaissir, de se solidifier.

CONIQUE, *adj.* Qui a la forme d'un cône ¡ayant pour base un cercle. Les pains de sucre ont la forme conique.

CONTRACTILE, *adj.* Qui est susceptible de se con-tracter.

CORNUE, *s. f.* On donne ce nom à une espèce de bou-teille, soit en verre, soit en grès, dont la partie renflée a la forme d'une poire, et dont le col est très-recourbé latéralement. On se sert de la cornue en chimie, pour diverses distillations.

COUPELLE, *s. f.* Petite coupe, petit vase.

CUCURBITE, *s. f.* Vase qui sert à distiller certaines substances.

D.

DÉCANTER, *v.* Verser doucement une liqueur d'un vase dans un autre, de manière que le dépôt du premier vase ne passe pas dans le second.

Deutoxide, *s. m.* Le deutoxide est le second oxide, renfermant plus d'oxigène que le protoxide ou premier oxide.

Nota. — Proto (premier), deuto (second), trito, (troisième), sont des mots dérivés du grec indiquant qu'un corps composé renferme des quantités plus ou moins grandes d'un corps dont le nom est précédé de ces différents mots. — Les mots tirés du latin *bi* (deux fois). — *Sesqui* (une fois et demie). — *Tri* (trois fois), etc., indiquent les proportions exactes de ces combinaisons.

Le *peroxide* est celui de tous les oxides qui renferme le plus d'oxigène.

Dissolution, *s. f.* Liquéfaction d'un corps solide ou d'un gaz par son union avec un liquide.

Drèche, *s. f.* (Voyez *Malt.*)

E.

Emondes, *s. f.* Branches retranchées des arbres comme superflues.

Etendelles, *s. f.* Appareil qui sert à la fabrication des tourteaux.

F.

Ferrifère, *adj.* Qui contient du fer.

Fibrine, *s. f.* On appelle ainsi la partie essentielle du sang et des muscles.

G.

Gaz, *s. m.* On a appelé *gaz* tous les fluides élastiques permanents, c'est-à-dire qui conservent l'état aériforme par toutes les températures et sous toutes les pressions ; enfin, on a étendu cette dénomination à tous les corps aériformes en général, et l'on a distingué des *gaz permanents* et des *gaz non permanents* : ceux-ci sont plus communément appelés *vapeurs*, et repassent à l'état liquide lorsqu'on leur enlève une portion de leur calorique. *Les gaz permanents*, gaz proprement dits, sont nombreux et peuvent être partagés en quatre sections sous le rapport de leurs effets sur l'économie animale : 1° *Gaz respirables* ; 2° *Gaz non respirables* ; 3° *Gaz irritants* ; 4° *Gaz délétères.*

Géognostique, *adj.* (Voyez *Géologique.*)

Géologique, *adj.* Qui appartient à la *Géologie.*

Géologie, *s. f.* synonime de *Géognosie*, science qui apprend à connaître la structure, la situation respective et la nature des couches entrant dans la composition du globe terrestre.

Graminées, *s. f.* Plantes appartenant à la grande famille botanique des graminées comprenant les blés, orges, avoines, seigles, chiendents, etc.

Granulé, *adj.* Composé de petits grains.

Graphite, *s. m.* Substance composée de carbone à peu près pur, avec laquelle on fabrique les crayons dits de *mine de plomb.*

Le graphite est employé en poudre et en pilules pour la guérison des dartres.

H.

Havéron, *s. m.* Espèce d'avoine sauvage, rude et velue.

Hermbstaed, (Sigismond Frédéric) *n. p.*, professeur de chimie et de technologie à l'Université de Berlin, né en 1760.

Ce savant distingué a publié de nombreux écrits sur la chimie pratique, la technologie, la pharmacie et les arts agricoles.

En ce qui concerne l'agriculture, il a fait paraître :

1° De 1803 à 1815, les *Archives* de chimie agricole, 6 vol. in-8°.

2° De 1809 à 1813, le *Bulletin* des nouvelles scientifiques les plus intéressantes dans le domaine de l'économie rurale, etc. 15 vol. in-8°.

3° Guide utile pour le bourgeois et l'habitant de la campagne (Berlin), publié de 1815 à 1822, 6 vol in-8°, avec planches.

Histoire naturelle. — Science qui étudie sous tous leurs rapports physiques chacun des corps appartenant aux *trois règnes* de la nature. On appelle *règnes*, les grandes divisions qui comprennent tous les corps de la nature : ces divisions sont au nombre de trois ; le règne minéral, le règne végétal et le règne animal.

Homogène, *adj.* Se composant de parties toutes semblables les unes aux autres.

Hydrosulfurique, *adj. c.* Qui est formé de soufre et d'hydrogène. L'acide hydrosulfurique se rencontre dans certaines eaux minérales. Voyez *acides*.

I.

Iode, *s. m.* L'Iode est un corps simple, d'un gris noir, se présentant sous forme de paillettes d'un éclat métallique.

L'iode est employé avec succès contre le goître et les humeurs froides.

K.

KALIUM ou KALI. (Voyez *alcali.*)

L.

LIEBIG, *n. p.* Célèbre chimiste-allemand comtemporain, professeur à l'université de Giessen, a fait des recherches et des découvertes nombreuses en chimie ; il a publié :

1° Un *Traité de chimie organique* ;
2° Des *Éléments de chimie appliquée à l'agriculture* ;
3° Des *Lettres sur la chimie.*

Tous ces ouvrages sont traduits en français.

LIGNINE, *s. f.* C'est absolument la même chose que le ligneux dont on a déjà donné la définition dans ce catéchisme.

LITHANTRAX, *s. m.* Espèce de pierre charbonneuse.

LUPIN, *s. m.* Plante légumineuse qu'on cultive principalement dans la région des oliviers.

M.

MAGNÉSIE, *s. f.* Terre blanche, légère, insipide, douce au toucher, absorbante, fusible à une très-haute température, insoluble dans l'eau, soluble dans les acides. On l'emploie en médecine comme contre-poison des acides et comme purgatif. (Voyez *Deutoxide.*)

MALLÉABLE, *adj.* Qui est susceptible de s'aplatir par la vertu du marteau.

Malt ou Drèche, *s. m.* On donne ce nom à l'orge fermentée dont on arrête la germination et que l'on emploie pour la préparation de la bière.

Manganèse, *s. m.* Métal gris blanc, fragile et très-peu fusible. Les verriers s'en servent pour blanchir le verre et le cristal. On lui attribue la propriété de préserver l'eau de toute altération.

Mercure, *s. m.* Vulgairement appelé *vif argent.* C'est un corps simple, métallique, fluide, inodore, et d'un blanc très-éclatant. Le mercure et ses diverses préparations sont employés avec succès contre les vers, la vermine, les affections dartreuses de la peau et les maladies vénériennes; mais il faut ne s'en servir qu'avec la plus grande circonspection.

Miasmes, *s. m.* Corps subtils se détachant des subtances corrompues, auxquels on attribue la propriété de déterminer des maladies contagieuses.

Microscope, *s. m.* Instrument qui sert à grossir considérablement les plus petits objets, au moyen de lentilles en verre.

Mucilage, *s. m.* Matière épaisse et gluante que contiennent certaines substances.

Mucosité, *s. f.* Humeur épaisse.

N.

Natrium ou Sodium, *s. m.* Corps métallique très-avide d'oxigène. L'oxide de natrium ou soude est un des alcalis les plus puissants et les plus répandus.

Nitrates, *s. m.* Sels formés par la combinaison de l'acide nitrique avec différentes *bases.* (Voyez *base.*)

O.

Oléagineux , *adj.* Qui contient de l'huile.

Oxide. *s. m.* On appelle ainsi toute combinaison d'un corps avec l'oxigène ; ce nom est cependant presque exclusivement employé pour les oxides métalliques lorsque ces oxides sont des bases salifiables, c'est-à-dire peuvent se combiner avec les acides pour fournir des sels. Un même corps peut se combiner en diverses proportions avec l'oxigène et fournir plusieurs oxides. (Voir pour les noms de ces oxides ce qui a été dit au mot *Deutoxide*).

P.

Phosphate, *s. m.* On donne ce nom à tous les sels résultant de la combinaison de l'acide phosphorique avec une base quelconque, alcali ou oxide métallique.

Platine, *s. m.* Métal blanc qui a à peu près le poids de l'or et quelques-unes de ses propriétés.

Précipité, *s. m.* Matière tombée au fond d'un vase après une dissolution.

Protoxide, *s. m.* Le protoxide d'un métal est l'oxide au *minimum*, c'est-à-dire celui de ces oxides qui renferme le moins d'oxigène. (Voir *Deutoxide*).

Pyrite, *s. f.* Combinaison du soufre avec un métal quelconque, (le plus ordinairement fer ou cuivre).

Pectine. *s. f.* Principe des fruits, qui se convertit en en acide pectique, élément essentiel des gelées, compotes, etc.

Q.

QUARTZ, *s. m.* Pierre fort pesante et très-dure, produisant beaucoup d'étincelles avec le briquet; les acides ne peuvent la dissoudre.

R.

RAMILLES, *s. f.* Menus bois.

RATIONNEL, *adj.* Signifie conforme à la raison.

RECIPIENT, *s. m.* On appelle ainsi tout vase propre à recevoir le produit d'une distillation ou d'une opération chimique.

RICHARDSON (Williams), *n. p.*, recteur de Clonfekle, en Irlande, né en 1740, mort en 1820, s'est fait un nom par le zèle qu'il a mis à pratiquer et à recommander la culture d'une espèce de fourrage, appelé *Fiorin-grass*, qui croît abondamment dans les marécages de l'Irlande et peut être d'un grand rapport dans les fondrières, les marais et les prairies propres à l'irrigation. Il est l'auteur de plusieurs ouvrages sur l'agriculture.

S.

SACCHAROLACTIQUE, *adj.* Qui contient des principes de sucre et de lait.

SALSA-SODA. Voyez *Alcali*.

SCHISTE, *s. m.* Pierre qui se sépare par feuilles, comme l'ardoise; c'est le nom générique qu'on donne à toutes les pierres qui se divisent en lames très-

minces. Ces pierres forment une huile propre à l'é-
clairage : il en existe plusieurs fabriques en France.

Sprenger (Balthasar) , *n. p.*, conseiller du duc de
Wurtemberg, né en 1724, mort en 1791 ; auteur de
plusieurs ouvrages spéciaux sur l'agriculture, a publié
entr'autres :

1° *Un Traité général sur l'Agriculture*, 2 vol. in-8°;
Stutgard, 1764.

2° *Eléments complets d'Agriculture*, 3 vol. in-8° ;
1772 et 1778.

Solide , *adj.* Les corps solides sont ceux dont les
parties adhèrent assez fortement les unes aux autres
pour opposer une notable résistance, et permettre qu'on
en saisisse et presse la masse entre les doigts, sans les
déformer.

Soude, *s. f.* La soude est un composé de sodium et
d'oxigène. Le carbonate de soude s'emploie avantageusement comme purgatif : la dose moyenne est de
30 grammes. Voyez *Alcali*.

Spathcalcaire, *s. m.* (*Spath-calcaire*). Le spath est
une pierre feuilletée qu'on trouve dans les mines.
Voyez *Calcaire*.

Spergule, *s. f.* Plante à fleur en étoile qui entre dans
la composition des prairies artificielles et qui contribue
à former un bon pâturage.

Stalactite , *s. f.* Amas de parties pierreuses qui se
réunissent en une masse solide ; on les rencontre communément dans les grottes et les souterrains ; elles
ressemblent aux glaçons qui pendent en hiver aux toits
des maisons.

Substantiel, *adj*. Ce mot signifie ici : contenant beaucoup de matières nutritives.

Sulfate, *s. m.* Combinaison de l'acide sulfurique avec une base salifiable : la chaux, la magnésie, l'ammoniaque, le baryte, les oxides de cuivre et de fer, par leurs combinaisons avec l'acide sulfurique, donnent des sulfates.

T.

Talc, *s. m.* Sorte de pierre blanche et douce, et qui se sépare par feuilles.

Talqueux, *adj*. Qui contient des talcs.

Tan, *s. m.* Poudre d'écorce de certains arbres dont se servent les tanneurs, quand elle a été pilée.

Thaër (A.), *n. p.* Savant allemand, l'un des hommes qui ont rendu les plus grands services à l'agriculture sous le double rapport théorique et pratique. Il a publié :

1° La *Description des nouveaux instruments d'agriculture les plus utiles*, ouvrage traduit de l'allemand par A. Mathieu de Dombasle ; Paris, 1820, in-4.

2° Des *Principes raisonnés d'agriculture*, traduit de l'allemand : deux éditions françaises de 1829 à 1830 ; 4 vol. in-8, avec un atlas in-4.

3° Un opuscule *sur la peste et l'épizootie du bétail*, in-8 ; extrait de la bibliothèque des propriétaires ruraux.

Tannin, *s. m.* Substance végétale qui se trouve principalement dans l'écorce du chêne et dont on se sert pour tanner les peaux.

Testacé, *s. m.* Animal qui est couvert d'un *test*,

c'est-à-dire d'une enveloppe dure et forte comme l'é-caille, par exemple la tortue.

TUBERCULE, *s. m.* Sorte d'excroissance, ordinairement riche en matière nutritive, faisant partie des feuilles, tiges ou racines de certaines plantes. La pomme de terre est un tubercule.

TUBULÉ, *adj.* Qui a la forme d'un tube.

TUSSILAGE, *s. m.* Plante adoucissante, croissant dans les lieux humides et marneux, employée en médecine pour la guérison des rhumes; elle ressemble à la fleur du pissenlit.

U.

ULMINE, *s. f.* C'est une des parties constituantes de l'écorce de presque tous les arbres.

URE *n. p.* (André), Savant anglais; s'est occupé de recherches chimiques et d'agriculture. Ses ouvrages principaux sont :

1° Un *Dictionnaire de Chimie*, dont la troisième édition a été publiée à Londres en 1827, et qui a été traduit de l'anglais, en 4 vol., par Riffault.

2° Un *Dictionnaire des arts, manufactures et mines*, Londres, 1839, in-8, avec figures sur bois.

URÉE, *s. f.* On sait, depuis quelques temps seulement, que c'est à l'*urée* que l'urine doit sa couleur et son odeur.

V.

VÉGÉTAUX, *s. m.* On entend par ce mot toutes les plantes qui croissent sur la terre et dans les eaux.

VOLATILE, *adj.* Qui est susceptible de se réduire en vapeur.

TABLE DES MATIÈRES.

FIN DE LA TABLE.

Imprimerie et stéréotypie de veuve Charles DEIS.

LIBRAIRIE CLASSIQUE ET ÉTRANGÈRE,

DE

CH. HINGRAY,

12, RUE DE SEINE, A PARIS.

GUIDES DE LA CONVERSATION, à l'usage des voyageurs et des étudiants, par MM. Adler-Mesnard, Ronna, Smilt, Ochoa et Roquette, pour les langues française, anglaise, allemande, espagnole, italienne et portugaise.

On trouve à la même librairie des DICTIONNAIRES pour les mêmes langues.

Besançon. — Imprimerie et stéréotypie de veuve Charles DEIS.